河北省重点学科技术经济及管理

河北省人力资源社会保障科研合作课题（JRSHZ-2015-01032）

河北省社会科学发展研究青年课题（2015041229）　　　　　　资助出版

河北省社科联社会发展项目（2015031259）

河北省高等教育教学改革研究与实践项目（2015GJJG122）

数据挖掘在
电子商务领域中的应用

张永礼　丁　超　安海岗　马　伟　著

北　京

冶 金 工 业 出 版 社

2015

内 容 提 要

　　本书重点介绍了数据挖掘技术在电子商务领域的典型应用,分为理论篇和实证篇两大部分,理论篇包括第 1~5 章,实证篇包括第 6~9 章,分别研究了客户分类、网店评价、网站评价、互联网在线时长分析等问题。

　　本书可作为从事电子商务的企事业单位信息管理部门的管理者、信息分析人员、数据统计人员、市场营销人员、研究与开发人员的参考资料,也可作为高等院校信息管理类、数据分析类等相关专业的教材和参考书。

图书在版编目(CIP)数据

　　数据挖掘在电子商务领域中的应用/张永礼等著. —北京:冶金工业出版社,2015. 11

　　ISBN 978-7-5024-7163-7

　　Ⅰ.①数… Ⅱ.①张… Ⅲ.①数据采集—应用—电子商务 Ⅳ.①TP274 ②F713.36

　　中国版本图书馆 CIP 数据核字(2015)第 281415 号

出 版 人　谭学余
地　　　址　北京市东城区嵩祝院北巷 39 号　邮编　100009　电话　(010)64027926
网　　　址　www.cnmip.com.cn　电子信箱　yjcbs@cnmip.com.cn
责任编辑　曾　媛　李鑫雨　美术编辑　彭子赫　版式设计　孙跃红
责任校对　郑　娟　责任印制　牛晓波
ISBN 978-7-5024-7163-7
冶金工业出版社出版发行;各地新华书店经销;固安华明印业有限公司印刷
2015 年 11 月第 1 版,2015 年 11 月第 1 次印刷
169mm×239mm;12.5 印张;244 千字;190 页
45.00 元
冶金工业出版社　投稿电话　(010)64027932　投稿信箱　tougao@cnmip.com.cn
冶金工业出版社营销中心　电话　(010)64044283　传真　(010)64027893
冶金书店　地址　北京市东四西大街 46 号(100010)　电话　(010)65289081(兼传真)
冶金工业出版社天猫旗舰店　yjgycbs.tmall.com
　　　　　　(本书如有印装质量问题,本社营销中心负责退换)

前　言

近年来，电子商务蓬勃兴起，物联网、云计算、大数据、移动互联网等新技术不断涌现，企业、政府和社会加速推进数字化和网络化，这使得越来越多的数据被收集并沉睡在数据库之内，简而言之，"数据爆炸，信息贫乏"。如何对这些海量数据进行分析和挖掘，得到企业想要的信息，进而指导企业做出科学决策，成为摆在企业面前迫切需要解决的问题，基于此，数据挖掘技术应运而生，并在短短几年之间迅猛发展。

数据挖掘（Data Mining）是从大量的、不完全的、有噪声的、模糊的、随机的数据中，提取隐含在其中的、人们事先不知道的，但却是潜在有用的信息和知识的过程。电子商务专业区别于传统商务的一点在于，与客户非"面对面"，企业对客户的一切了解都源于对交易过程中生成数据的分析和挖掘。电子商务本身也提供了丰富的数据。因此，数据挖掘对电子商务十分重要。目前数据挖掘技术已广泛应用于电子商务各个领域，如购物篮分析、商品捆绑销售、商品推荐、货架摆放、客户购买预测、公司营销最大利润点预测、商品销售量回归分析、2/8 客户分类、孤立点检测、客户购买行为模式预测、Web 网站访问模式预测、商品分类销售预测等。

本书重点介绍了数据挖掘技术在电子商务领域的典型应用，由 9 章组成，分为理论篇和实证篇两大部分，理论篇包括第 1~5 章，实证篇包括第 6~9 章，分别研究了客户分类、网店评价、网站评价、互联网在线时长分析等问题。

本书在撰写过程中得到了石家庄经济学院电子商务教研室和河北

省重点学科技术经济及管理的大力帮助和支持，同时得到了以下项目的资助：河北省人力资源社会保障科研合作课题"河北省农村剩余劳动力转移就业影响因素实证研究"（JRSHZ-2015-01032）、河北省社会科学发展研究青年课题"河北省农业机械化影响因素及发展路径研究"（2015041229）、河北省社科联社会发展项目"新常态下河北发展低碳经济与产业结构调整良性互动机制研究"（2015031259）、河北省高等教育教学改革研究与实践项目"电子商务专业'三主体'应用型人才培养模式研究"（2015GJJG122），特此表示感谢！

　　本书由张永礼、丁超、安海岗、马伟著。张永礼完成了本书第1~4章、第6章、第8章，第9章内容的撰写，丁超、安海岗完成了其中部分章节数据收集和模型建立的工作，第5章和第7章理论由马伟撰写。由于作者水平所限，书中不足之处，欢迎各位读者批评指正！

张永礼

2015年6月

目　录

1 绪 论

1.1 研究背景

数据库知识发现，KDD（Knowledge Discovery in Database）一词首先出现在 1989 年 8 月美国底特律召开的第 11 届国际人工智能会议（The 11th International Joint Conference on AI）。1999 年亚太地区在北京召开的第三届 PAKDD 会议收到 158 篇论文，空前激烈。IEEE 的 Knowledge and Data Engineering 会刊率先在 1993 年出版 KDD 技术专刊，并行计算、计算机网络和信息工程等其他领域的国际学会、学刊也把数据挖掘和知识发现列为专题和专列讨论，甚至到了脍炙人口的程度。到目前为止，美国人工智能协会已经主办很多次 KDD 国际研讨会，规模由原来的专题讨论会发展到国际学术大会，研究重点逐渐从发现方法的研究转向实际的系统应用，注重发现多种策略和技术的集成，以及多种学科之间的渗透。

数据挖掘技术一开始就是面向应用的，它不仅是面向特定数据库的简单检索、查询调用，而且要对这些数据进行微观、中观及宏观的统计分析、综合、推理，以指导实际问题的求解，企图发现事件间的相互关联甚至用已有的数据对未来的活动进行预测。对于数据挖掘技术的研究，在国外已经有好多年的历史了。在国外，数据挖掘技术及相关的决策支持系统发展很快，已经直接给商业界、公共服务行业等众多行业带来了令人吃惊的利润，并且有很多学校和科研机构也正投入大量资金进行数据挖掘技术的进一步开发和深入研究。

加拿大 BC 省电话公司要求加拿大 Sinion Fraser 大学 KDD 研究所根据其拥有十多年的客户数据，总结、分析并提出新的电话收费管理方法，制定既有利于公司又有利于客户的优惠政策。

美国运通公司（American Express）使用神经网络检测数以亿计的数据库记录，辨别个体消费者是如何及在哪里持卡交易的，得到了每个持卡用户的"购买倾向价值"，根据这些价值，美国运通公司将个人持卡者的购买历史与关系销售的商品匹配，并将这些情况附在月报后面，这样既节省了费用又提供给持卡者更有价值的分析。

NSRC 是一家位于克里夫兰的市场调研机构，它介绍了一种数据挖掘工作的情况，使用了市场调研的成果来找出具有销售潜力的那些消费者中排在最前面的 1%的消费者，根据对客户成本分析估计，这项数据挖掘工作将销售额提高到

501%，将净收入增加了3587%，这一卓越的成绩之所以取得，由于数据挖掘技术找准了各种消费群体之间的细微差别。

数据挖掘在医学上的应用也很广泛，利用数据挖掘来分析艾滋病的基因，找出SPN（一种肺癌的前兆症状）的诊断率，分析具有早期乳腺癌X光片，达到了较高的准确率，分析肺癌数据库发现了一个有趣的规则，右肺出现肿瘤频率与左肺相比为3：2等。

目前很多领域数据挖掘都是一个很时髦的词，尤其在证券、银行、保险、零售等领域，数据挖掘所能解决的典型问题是数据库营销（Database Marketing），客户群体划分（Customer Segmentation & Classification），背景分析（Profile Analysis），交叉销售（Cross Selling）等市场分析行为以及客户流失性分析（Churn Analysis），客户信用记分（Credit Scoring），欺诈发现（Fraud Detection）等。在国外市场激烈的环境下，每个市场为自身的生存已经想尽了办法，很多被人工发现的规律早就发现了。

最近几年，国内也有相当多的数据挖掘和知识发现方面的研究成果，许多学术会议上都设有专题进行学术交流。许多科研单位和高等院校竞相开展数据挖掘的基础理论及应用研究，这些单位包括清华大学、中科院计算技术研究所、空军第三研究所、海军装备论证中心等，其中北京系统工程研究所对模糊方法在知识发现中的应用进行了深入研究，北京大学也在开展对数据立方体代数的研究，华中科技大学、复旦大学、浙江大学、中国科技大学、中科院数学研究所、吉林大学等开展了对关联规则开采算法的优化改造，南京大学、四川大学和上海交通大学等探讨研究了非结构化数据的知识发现以及Web数据挖掘。

但是国内与国外相比，我国对数据挖掘领域研究仍处于初期阶段，绝大多数工作集中于局部算法设计，有的开始设计软件，但还是处在业务数据转移和建立数据仓库的初级阶段，进行综合的系统集成设计寥寥无几。由于核心技术的欠缺，数据挖掘在国内一些领域只是初步开始应用。虽然在零售业、证券业等行业有所研究，但也只是提出一些应用构思、解决方案，在实现系统方面仍处于初级阶段，还没有对数据进行深一步挖掘、实证研究，所以国内虽然实施了数据挖掘，仍存在一些问题，结果不尽如人意。其原因如下：

（1）数据挖掘一定要先确认为什么要投资数据挖掘。

（2）要用数据挖掘解决什么问题。

（3）如何评价成功与否。

当前，数据挖掘方法已广泛应用于电子商务各个阶段和领域：

（1）客户获取。即根据性别、收入、交易行为等属性特征把客户细分为具有不同需求和交易习惯的群体，同一群体中的客户在产品需求、交易心理等方面具有相似性，而不同群体间差异则较大。这有助于企业在营销中更加贴近客户需求。分类和聚类等挖掘方法可以把大量的客户分成不同的类（群体），适合于用来进行客户细分。通过群体细分，CRM 用户可以更好地理解客户，发现群体客户的行为规律。在行为分组完成后，还要进行客户理解、客户行为规律发现和客户组之间的交叉分析。

（2）重点客户发现。重点客户发现就是找出对企业具有重要意义的客户，主要包括：发现有价值的潜在客户；发现有更多的消费需求的同一客户；发现更多使用的同一种产品或服务；保持客户的忠诚度。根据 20/80（即 20% 的客户贡献 80% 的销售额）以及开发新客户的费用是保留老客户费用的 5 倍等营销原则，重点客户发现在 CRM 中具有举足轻重的作用。

（3）交叉营销。商家与客户之间的商业关系是一种持续的不断发展的关系，通过不断地相互接触和交流，客户得到了更好更贴切的服务质量，商家则因为增加了销售量而获利。交叉营销向已购买商品的客户推荐其他产品和服务。这种策略成功的关键是要确保推销的产品是用户所感兴趣的，有几种挖掘方法都可以应用于此问题，关联规则分析能够发现客户倾向于关联购买哪些商品。聚类分析能够发现对特定产品感兴趣的用户群，神经网络、回归等方法能够预测客户购买该新产品的可能性。

（4）客户流失分析。分类等技术能够判断具备哪些特性的客户群体最容易流失，建立客户流失预测模型，从而帮助企业对有流失风险的客户提前采取相应营销措施。利用数据挖掘技术，通过挖掘大量的客户信息来构建预测模型，可以较准确地找出易流失客户群，并制定相应的方案，最大程度地保持住老客户。研究证实，数据挖掘技术中的决策树技术（Decision Tree）能够较好地应用在这一方面。

（5）性能评估。以客户所提供的市场反馈为基础，通过数据仓库的数据清理与集中过程，将客户对市场的反馈自动地输入到数据仓库中，从而进行客户行为跟踪。性能分析、客户行为分析、重点客户发现三者的相互交叠，保证了企业客户关系管理目标的顺利达成和良好客户关系的建立。

1.2 研究意义

1.2.1 客户分类

随着全球经济一体化进程的加快和竞争的加剧，传统的以生产为中心，以产品和规模为目的的粗放式经营管理模式逐渐被以客户为中心、以服务为目的集约式经营管理模式所取代。客户关系管理（Customer Relationship Management，CRM）正被越来越多的企业所关注。

CRM 成功实施的前提是确定"谁是你的客户"和对客户进行科学有效的细

分。通过客户分类，企业可以更好地识别不同的客户群体，采取差异化营销策略，从而有效地降低成本，同时获得更强、更有利可图的市场渗透[1]。

客户分类（Customer Segmentation）是指按照一定的标准将企业现有客户划分为不同的客户群。目前，学术界、企业界广泛认可的客户分类理论是客户价值细分理论[2]，但该细分理论存在两大不足：

（1）客户潜在价值（Customer Potential Value，CPV）的衡量。客户价值细分理论将客户价值分为当前价值（Customer Current Value，CCV）和潜在价值两部分，但在衡量客户潜在价值的时候，往往涉及大量主观感知成分，需要采用问卷调查、直觉判断等手段获得，其度量难以付诸实践，也很难做到客观准确。

（2）客户忠诚度的忽略。客户价值细分理论在衡量客户价值的同时，往往忽略客户忠诚度对客户价值的影响。一个忠诚度低的客户，即使他拥有很高的当前价值和潜在价值，其总体价值也相对较低，企业如果对其进行重点投入就会带来损失，因为高的客户转换率会使企业的营销努力付之东流。因此仅利用客户当前价值和客户潜在价值两个维度对客户价值进行预测并进行客户分类存在一定的局限性。

随着社会的信息化，企业在日常的经营活动中越来越方便、越来越多地获得了有关客户的大量信息，但却很少对这些数据进行再提炼加工和深入挖掘，获得隐藏其中的规律或信息，企业正逐步陷入"数据丰富，知识贫乏"的尴尬境地。面对如此巨大的数据资源，人们迫切需要一种新技术和自动工具可以帮助我们科学地进行各种决策，数据挖掘技术就是这一类技术。

数据挖掘也被称作 KDD（Knowledge Discovery in Database），即数据库中的知识发现，是一种决策支持过程，它主要基于 AI（人工智能）、机器学习、统计学等技术，高度自动化地分析企业原有的数据，做出归纳性的推理，从中挖掘出潜在的模式。预测客户的行为，帮助企业的决策者调整市场策略、减少风险、做出正确的决策。

数据挖掘的主要方法包括关联分析、时序模式、分类、聚类、偏差分析及预测等，它们可以应用到以客户为中心的企业决策分析及管理的不同领域和阶段。

数据挖掘可以根据企业大量的客户信息把客户分成不同的类，确定每一类客户的特征，进而调整企业经营策略，有针对性地为客户提供服务，提高客户满意度，维持好优质客户，提高企业的竞争力。

1.2.2　网店评价

以计算机和网络技术为主导的高新科技的发展，促进了互联网和虚拟经济的大发展，从而极大地改变了人们购物和结算的方式，一些有别于传统购物方式的商场应运而生，如虚拟商店、虚拟购物中心、虚拟购物街等。人们不用再像以前那样走很远的路去购物，只需要坐在自家的电脑桌前，用鼠标点击一些虚拟商店的网页便可以找到自己喜爱的商品，然后经过网上结算就可享受到送货上门的服务。随着信息技术和网络技术的不断发展，我们可以预见，在不久的将来，虚拟商店将风靡全球，并且逐步补充传统的店面式经营，从而成为人们购物的另一种方式。

人们在进行网上购物的时候也存在许多顾虑，比如网上结算的安全性、虚拟商店的诚信问题、所购物品的送达时间、货物的实际质量如何等。这些问题也直接影响了消费者对虚拟商店的印象，从而也影响着虚拟商店的业绩，如何评价虚拟商店的绩效已是当务之急。管理大师彼得·德鲁克曾说过："如果你不能评价，你就无法管理"，可见评价对管理的重要性，尤其是绩效评价更受到管理者的青睐。虚拟商店是有别于一般店面式商场的无店铺经营商店，这种无店铺经营的特点给它的评价带来了一定的难度。目前很多学者对连锁经营、专卖店经营等进行了绩效评价方面的研究，有学者对商务网站绩效评价进行了研究，也有学者对电子商务系统绩效评价进行了研究，但对虚拟商店相关问题的研究还很少，尤其是虚拟商店绩效评价方面的研究更少。在此背景下，本章以探讨虚拟商店的内涵和特点及其相关理论为基础，并构建虚拟商店的绩效评价指标体系，用分形评价法对虚拟商店进行绩效评价。

在进行企业绩效评价方面，有很多学者进行了讨论，但是具体到虚拟商店绩效评价方面，笔者发现还没有人研究过。虚拟商店作为一个新生事物，也势必会成为一个后起之秀，所以对其进行绩效评价是很有意义的。本章考虑到虚拟商店的独特性，在构建评价指标体系的时候从多个角度进行探讨，这些指标为以后的虚拟商店管理者在进行绩效评价的时候可以起到借鉴和参考的作用。同时，本章也引进了一种新的评价方法——分形评价法，将分形、分维评价引入到虚拟商店绩效评价中来，也是一种新的尝试，可以为后来的研究者提供一种参考。

总之，本研究可以帮助想建立虚拟商店的企业或个人对虚拟商店的理论有一个充分的认识，帮助他们在建立虚拟商店的时候能够很好地把握住关键；同时也能使已经运营的虚拟商店在进行自我认识和评价的时候能够有更清楚、透彻和全方位的把握，准确找出自己的优点与不足，从而能更好地发展壮大自己。

1.3 国内外研究综述

1.3.1 客户分类

Smith Wendell 于 1956 年在探讨市场细分和产品差异这两种不同的营销策略时首先提出客户分类。他认为"客户分类是基于某一时期市场中个体需求的不同特点而做出的产品决策，而产品差异策略则仅定位于市场竞争者，不考虑需求的复杂性。"[3]

从国内外相关文献来看，目前的客户分类是在传统市场细分研究的基础上所进行的更为深入的研究，大体是从客户、企业以及两者相结合这三个角度展开的，其中客户角度和企业角度分别基于客户让渡价值和生命周期价值理论。

1.3.1.1 客户价值的内涵

目前关于客户价值的内涵主要分为两大类：客户让渡价值理论和客户生命周期价值理论。

客户让渡价值的概念由著名市场营销学权威菲利普·科特勒（Kotler）博士于 1995 年在他的著作《营销管理》（第八版）首次提出（这也标志着客户价值时代的来临）。他认为客户让渡价值（Customer Delivered Value）是指总客户价值与总客户成本之差。总客户价值（Total Customer Value）是指客户期望从某一特定产品或服务中获得的一组利益，它包括产品价值、服务价值、人员价值和形象价值等。而总客户成本（Total Customer Cost）是指客户在评估、获得和使用该产品或服务时所引起的预计费用，它包括货币成本、时间成本、精力成本、体力成本等。

纵观有关客户生命周期价值的文献，发现当前的研究对其定义有各种不同表述，先后有许多文献定义过客户生命周期价值。Barbara Jackson（1985）将客户生命周期价值定义为客户当前以及将来所产生的货币利益的净现值；Roberts 和 Berger（1989）、Barbara Jackson（1994）定义客户生命周期价值为客户将来在降低企业经营费用以及增加利润上所带来的收益的净现值；Bitran 和 Mondschein（1996）认为客户生命周期价值是客户在整个生命周期内所产生的净利润的折现值。可以看出在客户生命周期价值的具体涵义上，一种观点是将收益定义为利润流，一种观点是将收益定义为客户在企业降低经营费用和增加利润上的收益，这两种看法其实并无太多的异议，后一种定义将经营费用单列出来的目的只是为了方便探讨这类企业投资对客户生命周期价值的影响作用。关于客户生命周期价值中时间的界定上有较多的偏差，一种看法是将其视为从当前到客户关系解体时的剩余生命周期（Remaining Life）时间段，另外一种看法是将其视为从客户关系的开始直至客户关系解体的全生命周期（Life Cycle）。如何统一在时间上对于客户生命周期价值的认识，Courtheoux（1995）对这一问题作了区分，他用了另外一个概念——客户长期价值（Customer Longtime Value），来区别客户全生命周期价值（或客户终身价值），认为客户长期价值是指客户在未来为企业创造的预期价值，客户终生价值是指客户在全生命周期内为企业创造的价值。按照这一定义，他认为客户终身价值只适合于描述新客户的未来价值，对于企业的老客户，使用客户长期价值更为适宜。从总体来看，客户生命周期价值的定义比较一致，上述文献实质上是相同的，基本上认为客户生命周期价值是客户在整个生命周期中各个交易时段上的利润的净现值的和，这也是大多数学者所持的观点[4~6]。

1.3.1.2　基于客户的细分研究

Wilkie 和 Cohen 最早按照不同的层次将细分变量分为五种：个人总体特征描述变量（如性别、年龄、职业、收入等）、心理图示、需要的价值、品牌感知和购买行为。Schiffnan 按照地理、人口、心理、社会文化、使用情境、利益以及混合细分变量进行归纳。Halev 则认为在传统市场细分中，地理区域、人口统计和销量细分变量占据了统治地位[7,8]。从以上学者对传统市场细分变量的总结不难看出，它们实际上可以归属于三类—环境细分、心理细分和行为细分。

1.3.1.3　基于企业的细分研究

客户导向的细分方法是围绕客户各方面差异展开的，目的是实现差异化营销策略。由于差异化必须付出相应的成本代价，过分关注客户需求而忽视企业利益的细分则恰恰违背了市场细分的初衷——更好地集中有限资源为某一客户群体提供差异化服务。于是，相当一部分学者就转向从企业角度出发研究细分方法，其成果集中体现在价值细分上。价值细分的思想就是以客户价值为细分变量，根据客户价值大小将所有客户分为具有不同价值的客户群体。

价值细分最早出现在数据库营销中，其中最典型的就是 Jin Sellers 和 Arthur Hughes 提出的 RFM 客户分类方法[9]。该方法是按照上次购买至今的时期（Recency）、购买频率（Frequency）和购买金额（Monetary）三个要素乘积的大小，对所有客户的交易数据进行排序，前面的 20% 是最有价值的客户，后面 20% 是企业应该避免的低价值客户，中间 60% 的客户是需要向上迁移（Migrate Up）的客户。RMF 细分法的缺点是分析过程复杂，需要花费很多时间，细分后得到的客户群体过多，难以针对每个细分客户群体制订有效的营销策略，并且购买频率与购买金额之间存在多重共线性。为了解决这些缺陷，Marcus 提出用购买次数和平均购买额构造客户价值矩阵，从而将现有客户划分为乐于消费型、最好的客户、不确定型客户和经常性客户四类[10]。

随着客户价值的深入研究，一些学者提出应该用客户终身价值（Customer Lifetime Value）来衡量客户对企业的利润贡献，因为它不仅能体现客户的当前价值，还能反映其潜在价值。在此基础上，国内外众多学者都提出了基于客户终身价值的客户分类方法[11,12]，即将客户当前价值和客户潜在价值作为客户价值细分两个具体维度，每个维度分成高、低两档，由此可以构造客户价值矩阵，从而根据每类客户价值的大小提出相应的客户保持策略。此外，他们还提出客户潜在价值的预测模型，并通过实证研究证明了模型的有效性。

1.3.1.4　将客户和企业相结合的细分研究

从客户的角度进行客户分类满足了不同客户的差异化需求，而利润或价值是企业进行市场细分的最基本的驱动因素，从企业角度根据客户价值大小细分客户群体则充分考虑到了资源配置与收益相匹配的原则。这两种细分思路是从不同的角度出发，细分的依据和侧重点不同，两者的结合才能兼顾各自的利益。

国内学者江涛较早地注意到了以客户价值为导向细分客户群体的重要性，并指出同样数量的客户群体、不同的客户结构，可能会导致客户资产的巨大差异[13]。他根据客户价值和客户特征将客户划分为灯塔型客户、跟随型客户、理性客户和逐利客户四类。

陈静宇认为主流的细分理论将满足客户需求视为第一位，而忽视了企业利润。他在分析传统细分方法的基础上引入客户价值细分变量，从而构建了价值—行为—特征三维的客户分类模型，即在根据当前价值和潜在价值两个维度进行细分的基础上，分析不同价值客户的外在特征和需求特征，从而有针对性地采取定制化的营销策略[14]。

从客户和企业两个角度综合探讨细分方法的相关研究，可以说真正实现了传统细分理论在客户关系管理背景下的突破，对于指导企业细分实践具有很高的理论价值。但是，从现有的学术成果来看，尚处于研究的初级阶段。陈静宇的价值—行为—特征模型只是从企业价值的角度出发强调了价值细分的重要性，对于如何应用其所提出的三维模型并没有做深入的探讨。江涛和李琪贞[15]提出的客户资产质量是基于对客户资产最大化的研究，虽然注意到了运用客户盈利性和客户忠诚度衡量客户资产的质量，但是也没有就如何测量客户忠诚度和客户价值作出详细的说明，更没有进行相关的实证研究[13]。

1.3.2　网店评价

1.3.2.1　网站评价理论的起源

万维网（WWW）于 1989 年诞生于欧洲量子物理实验室，最初是为了方便研究员之间交换资料。科技进步使万维网的功能越来越强大，内容越来越丰富，网站评价理论也随之发展起来，万维网发展初期的各种 Web 设计规则、规范可以看作是最早的网站评价理论。Web 设计规则源于传统的用户界面设计理论，Sun 于 1994 年提出的 Web 设计规则相当简单，如：导航方便，文字可读性强，站内搜索功能等。随后，Microsoft、IBM、Yale 等公司和科研机构都提出了自己的设计准则。2000 年，Jakob Nielsen 在他的著作《Designing Web Usability》中谈到，Web 设计理念是简单实用，他认为简单和以用户目标为中心是优秀 Web 设计的原则[15]。他将 Web 设计分为网站设计、页面设计、内容设计、网络设计等几个方面，该理论以心理学和认知理论为基础，代表着 Web 设计理论的正式形成。Nielsen 认为好的 Web 设计并不取决于某一条设计规则，而取决于一系列规则综合作用的结果，选择正确的设计规则并将其作为设计和评价 Web 的依据对于优秀的 Web 设计来说非常重。随着 Internet 的发展，万维网开始用于商业用途。随着企业网站数量迅速增长和功能不断丰富，越来越多的学者开始研究网站在商务领域的贡献，关于企业电子商务网站的评价开始出现。

1.3.2.2　电子商务网站评价理论

电子商务网站的评价也经历了一个从简单到复杂，从低级到高级的过程。最初的电子商务网站功能比较简单，只是一些与企业相关的图片和文字信息，Shelly 在 1996 年发表的文章认为，公司主页主要提供链接、吸引人的图片和企业的信息。随着计算机和多媒体技术的发展，网站的表现形式越来越丰富，功能不断强大，动态网页技术使用户可以真正的和网站进行交互。J. Shawn Farris 从用户与网站交互的角度研究网站设计，认为用户与网站交互的目的是为了获取想得到的信息，所以网站应该能够提供给用户这样的信息，并使用户容易得到这些信息。2000 年，据 Forrester 统计，15% 的网站失败的原因在于缺少传统的商业战略，认为只要将网站放到 Internet 上就能取得成功。Gerry W. Scheffelmaier 提出：成功的网站必须有成功的商业战略作指导，必须注意与顾客的交互性，前端−后端销售，网上网下的业务集成，配送系统的建立等。人们开始从企业经营管理的角度研究电子商务网站。Petra Schubert，Dorian Selz 认为网络创造了一个新的市场，这个新市场有新规则[16]。前人许多对网站评价的研究都基于传统的市场营销理论，有先天的局限性，Petra 选择相同行业网站对比其不同点，从技术角度、市场角度、营销角度来探讨，建立了自己的评价体系。Efthymios Constantinides 认为传统的市场营销理论已经不适合电子商务条件下的企业经营，提出新的以 4S 为框架的新的电子商务营销理论：范围（Scope）、网站（Site）、协作（Synergy）、系统（System），充分强调了网站在电子商务和企业营销中的重要性。他认为电子商务网站是公司的门户，是公司与顾客交流的场所，企业网站的首要任务是吸引访问量、建立目标顾客的联系，创造品牌[17]。

我国学者冯英健认为企业网站评价必须注重评价网站的专业性。这里的专业性是指网站具有网络营销导向，可以发挥网络营销价值。周述文等人借鉴了传统企业经济评价方法来评价企业网站，从网站销售总额和成本利润率、服务热情度、客户满意度、连线及相应速度、安全性等角度来评价企业电子商务网站。

1.4　本书主要内容

本书具体涉及以下主要内容：

（1）绪论。主要介绍了本书的研究背景、研究动态、主要研究内容和创新之处。

（2）数据挖掘理论。介绍了数据挖掘的概念、数据挖掘的任务、数据挖掘算法和数据挖掘在 CRM 的应用。其中，重点介绍了数据挖掘算法，同时还附带介绍了数据挖掘与数据仓库、OLAP、商务智能的关系。

（3）分形理论。介绍了分形评价理论的基本内容，发展历程及其应用领域。

（4）客户分类理论。介绍了客户分类在客户关系管理中的重要地位，并重点介绍了基于客户购买行为的客户分类方法、基于客户价值的客户分类方法和基于客户生命周期阶段的客户分类方法；介绍了客户忠诚度理论的国内外研究，并重点介绍了客户忠诚度的工程实现方法及衡量客户忠诚度的变量指标。

（5）虚拟商店理论。介绍了虚拟商店评价的相关理论，主要包括虚拟商店理论、网络经济理论、绩效评价理论。

（6）数据挖掘在客户分类中的应用。基于客户生命周期价值，以客户当前价值（Customer Current Value，CCV）、客户潜在价值（Customer Potential Value，CPV）和客户忠诚度三个维度把客户分类为八个类别，建立了全新的客户分类模型，并在此基础上，提出了每类客户的市场营销策略。同时，提出了基于数据挖掘的客户分类的具体实现方法，并将该方法应用于某一网络销售公司的客户关系管理系统，从而验证了该方法的实用性和可操作性。

（7）分型理论在虚拟商店评价中的应用。探讨了虚拟商店绩效评价及其影响因素，主要阐明了虚拟商店绩效评价的相关内涵，虚拟商店绩效评价的要素和目的，以及虚拟商店绩效评价的影响因素，说明了虚拟商店绩效评价指标体系选取的原则，构建了虚拟商店绩效评价指标体系。在此基础上，引入混沌数学中的分形、分维方法，构建虚拟商店绩效评价模型，选取三个虚拟商店进行绩效评价实证研究。

（8）基于熵—灰色关联度电子商务网站评价研究。通过网站流量数据，从测定网站访问者和商业利润两个角度建立评价指标体系，采用熵权法对各评价指标赋权，克服了多指标评价中主观确定权重的不确定性，然后运用灰色关联分析对评价对象各指标进行赋值，最后综合以上两个结果得出网站的综合评价。

（9）基于生存分析的互联网用户在线时间实证研究。通过随机抽取 1000 个互联网用户的上网日志，研究了互联网用户在线持续时间的分布特性，运用非参数方法，分组对比分析了互联网用户的生存函数，并使用 Cox 回归模型，对互联网用户在线时间的影响因素进行了研究。

1.5 本书创新之处

本书的创新之处主要体现在以下几个方面：

（1）提出了全新的客户分类模型。本书以客户当前价值、潜在价值和忠诚度作为三个维度，提出了全新的客户分类模型，如图 1-1 所示。

该分类模型将客户分为高现值—高潜值—高忠诚度、高现值—高潜值—低忠诚度、高现值—低潜值—高忠诚度、高现值—低潜值—低忠诚度、低现值—高潜

值—高忠诚度、低现值—高潜值—低
忠诚度、低现值—低潜值—高忠诚
度、低现值—低潜值—低忠诚度八个
类别。

（2）提出了系统全面、可操作
性很强的衡量客户价值和忠诚度的方
法。前面已经提到，客户潜在价值
（Customer Potential Value，CPV）的
衡量往往涉及大量主观感知成分，其
度量难以付诸实践，也很难做到客观
准确。本书采用数据挖掘的手段，根

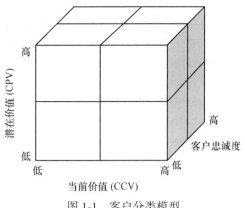

图 1-1　客户分类模型

据客户的历史购买记录，使用关联规则算法（Association）预测出每一位客户将
来可能购买的产品和购买概率，从而得出客户的潜在价值。

对客户忠诚度的衡量，本书结合数据库营销中常用的 RMF 指标体系和李卫
东等[16]人的指标体系，提出客户忠诚度的计量指标为：客龄长短、最近一次订
单距今时间、平均订单金额、平均年度消费金额、平均年订单数、平均订单间隔
天数、订单总数、产品总数、是否已经流失等。在此基础上，我们分别采用聚
类、决策树和神经网络算法对客户忠诚度进行聚类和分类两种形式的挖掘，并通
过对比决策树和神经网络的挖掘结果，在其中选择一种分类算法。

（3）建立了系统的虚拟商店绩效评价指标体系。以往学者对虚拟商店的研
究比较分散、单一，只是从概念和特点等方面进行了初步的探讨，虽然在电子商
务网站方面进行了评价研究，但对其绩效评价还没有涉及。本书在这些研究的基
础上分析虚拟商店及其理论基础，重点从网站质量、信息发布、电子商务功能、
客户服务、财务绩效、成长创新与文化建设等 6 个方面构建了具有特色、完善的
虚拟商店绩效评价指标体系。

（4）使用了全新的分形评价方法。现有权重计算方法并不适用于虚拟商店
的绩效评价，本书引入分形和分维的概念，创新性地采用了一种全新的分形评价
方法，具有不需要确定权重的特性。

参 考 文 献

［1］ Suzanne Donner. What Can Customer Segmentation Accomplish［J］. Bankers Magazine，1992
（2）：72~81.

［2］ 吴开军. 客户分类方法探析［J］. 工业技术经济，2003（6）：95~99.

［3］ Smith Wendell. Product Differentiation and Market Segmentation As Alternative Marketing Strate-
gies［J］. Journal of Marketing. 1956（21）：3~8.

［4］ Jain D, Singh S S. Customer Lifetime Value Research in Marketing A Review and Future Direction ［J］. Journal of Interactive Marketing, 2002（2）: 34~45.

［5］ Berger P D, Nasr N I. Customer Lifetime Value Marketing Models and Application ［J］. Journal of Interactive Marketing, 1998（1）: 17~30.

［6］ Dwyer F R. Customer Lifetime Valuation to Support Marketing Decision Making ［J］. Journal of Interactive Marketing, 1997, 11（4）: 6~13.

［7］ Hoekstra J C, Huizingh E K R E. The Lifetime Value Concept in Customer-based Marketing ［J］. Journal of Market Focused Management, 1999, 3（3）: 257~274.

［8］ 罗纪宁. 市场细分研究综述: 回顾与展望 ［J］. 山东大学学报（哲学社会科学版）, 2003（6）: 44~48.

［9］ Jim Sellers, Arthur Hughes. RFM Analysis A New Approach to Proven Technique ［EB/OL］. www. relation-shipmktg. com/FreeArticles/rmr017. pdf.

［10］ Marcus, Claudio. A Practical Yet Meaningful Approach to Customer Segmentation ［J］. Journal of Consumer Marketing, 1998（5）: 494~504.

［11］ Verhoef P C, Donkers B. Predicting Customer Potential Value an Application in the Insurance Industry ［J］. Decision Support Systems, 2001（32）: 189~199.

［12］ 陈明亮, 李怀祖. 客户价值细分与保持策略研究 ［J］. 武汉大学学报（哲学社会科学版）, 2001（11）: 23~27.

［13］ 赵保国. 客户分类模型及实证研究 ［J］. 财经问题研究, 2006（7）: 85~90.

［14］ 陈静宇. 价值细分—价值驱动的细分模型 ［J］. 中国流通经济, 2003（6）: 53~56.

［15］ Jakob Nielsen. Designing Web Usability ［M］. Indianapolis: Peachpit Press, 2000.

［16］ S. David Young, Stephen F. O Byrne. EVA & Valuebased Management ［M］. America: McGraw-Hill Companies Inc, 2001.

［17］ Efthymios Constantinides, The 4S web-marketing mix model ［J］. Electronic commerce research and applications, 2002: 57~76.

数据挖掘理论

随着数据库应用的普及，人们正逐步陷入"数据丰富，知识贫乏"的尴尬境地。而近年来互联网的发展和快速普及，使得人类第一次真正体会到了数据海洋的无边无际。面对如此巨大的数据资源，人们迫切需要一种新技术和自动工具可以帮助我们科学地进行各种决策，数据挖掘技术就是这一类技术。

2.1 数据挖掘的定义

数据挖掘（Data Mining）是从大量的、不完全的、有噪声的、模糊的、随机的数据中，提取隐含在其中的、人们事先不知道的，但却是潜在有用的信息和知识的过程。

2.1.1 数据挖掘与数据仓库

目前数据仓库的定义是不统一的。公认的数据仓库之父 W. H. Inmon 将其定义为：数据仓库是支持管理决策过程的、面向主题的、集成的、随时间而变的、持久的数据集合。

在大部分情况下，数据挖掘都要先把数据从数据仓库中提取到数据挖掘库中。从数据仓库中直接得到进行数据挖掘的数据有许多好处，数据仓库的数据清理与数据挖掘的数据清理差不多，如果数据在导入数据仓库时已经清理过，在做数据挖掘时就没有必要再清理一次了，因为所有数据不一致问题都已经被解决。

需要指出的是，数据挖掘是一个相对独立的系统，它可以独立于数据仓库系统而存在。数据仓库包括数据抽取、数据清洗整理和数据一致性处理，它为数据挖掘打下了良好的基础，但是，数据挖掘系统也可以单独来做这些事情。因此，为了数据挖掘不必非得建立一个数据仓库，数据仓库不是必需的。建立一个巨大的数据仓库，把各个不同源的数据统一在一起，解决所有的数据冲突问题，然后把所有的数据导入到一个数据仓库内是一个巨大的工程，对于小型的企业里来说，它的投资可能难以承受。

所以说，数据挖掘库中的内容既可以是数据仓库数据的一个逻辑子集，也可以是物理上的单独数据库，但如果数据仓库的计算资源已经很紧张，那最好还是建立一个单独的数据挖掘库。两者关系如图 2-1 所示。

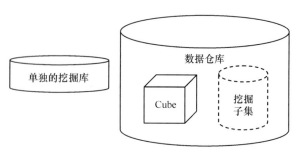

图 2-1 挖掘库与数据仓库

2.1.2 数据挖掘与 OLAP 及商务智能

OLAP（Online Analytical Processing，联机分析处理）是相对于传统的 OLTP（Online Transaction Processing，联机事务处理）而提出的。OLTP 与传统的关系型数据库遵循一致的关系型模型，其重点在于完成业务处理，及时给予客户响应。OLAP 则是专门为支持复杂的分析操作而设计的，侧重于对决策人员和高层管理人员的决策支持，可以应分析人员的要求快速、灵活地进行大数据量的复杂查询处理，并以一致且直观的形式提供查询结果。

OLTP 与 OLAP 的主要区别有以下几点：

（1）所面向的用户和系统。OLTP 是面向客户的，由职员或客户进行事务处理或者查询处理。OLAP 是面向市场的，由经理、主管和分析人员进行数据分析和决策的。

（2）数据内容。OLTP 系统管理当前数据，这些数据通常很琐碎，难以用于决策。OLAP 系统管理大量历史数据，提供汇总和聚集机制，并在不同的粒度级别上存储和管理信息，这些特点使得数据适合于决策分析。

（3）数据库设计。通常，OLTP 采用 E-R 模型和面向应用的数据库设计，而 OLAP 系统通常采用星型模式或雪花模式和面向主题的数据库设计。

（4）视图。OLTP 系统主要关注一个企业或部门的当前数据，而不涉及历史数据或不同组织的数据。与之相反，OLAP 系统常常跨越一个企业的数据库模式的多个版本，OLAP 系统也处理来自不同组织的信息和由多个数据源集成的信息。

（5）访问模式。OLTP 系统的访问主要由短的原子事务组成，这种系统需要并发控制和恢复机制。而 OLAP 系统的访问大部分是只读操作，其中大部分是复杂查询。

（6）度量。OLTP 专注于日常实时操作，所以以事务吞吐量为度量，OLAP 以查询吞吐量和响应时间来度量。

商务智能（Business Intelligent，BI）并无一个准确的定义，一般来讲商务智能系统是建立在数据仓库、OLAP 和数据挖掘等技术之上，通过收集、整理和分析企业内外部的各种数据，加深企业对客户及市场的了解，并使用一定的工具对企业运营状况、客户需求和市场动态等做出合理的评价及预测，为企业管理层提供科学的决策依据。

从广义上看，数据分析可以分为验证型分析（Verification-Driven Data Analysis）和挖掘型分析（Discovery-Driven Data Mining）。其中，多维查询和 OLAP 可以非常方便地观察系统的实际情况，以便确定某种假设是否成立，因此属于验证型的范畴。数据挖掘是在大量数据中由未知去发现知识，因而属于挖掘型分析的范畴。

从商业智能的角度来看数据挖掘和 OLAP，如图 2-2 所示。

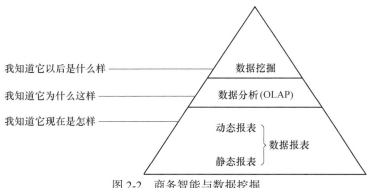

图 2-2　商务智能与数据挖掘

从上图可知，BI 的范围应该包括 3 个层次，分别是报表、分析和挖掘，其中报表是解决"现在是怎样的问题"，分析是解决"为什么是这样的问题"，而挖掘是解决"以后会怎样的问题"。

总的来说，DM 和 OLAP 都是数据分析工具，但是它们处理的问题不同，数据分析的深度不同。DM 是一种挖掘性质的数据分析，它能够自动发现事物间潜在的关系和特征模式，并且利用这些特征模式进行有效的预测分析。OLAP 是一种验证性质的数据分析，用户提出问题或某种假设，OLAP 负责从上到下、由浅入深的展现问题相关的详细信息，供用户判断提出假设是否合理。DM 和 OLAP 相辅相成，DM 能够发现 OLAP 不能发现的更为复杂和细致的问题，而 OLAP 能够迅速地告诉我们系统的过去和现在是怎样的，从而能够帮助我们更好地理解数据，加快知识发现的过程，并且迅速验证 DM 发现的结果是否合理[1]。

2.2　数据挖掘任务及体系结构

2.2.1　数据挖掘任务

数据挖掘的两个高层目标是预测和描述。前者是指用一些变量或数据库的若于已知字段预测其他感兴趣的变量或字段的未知的或未来的值；后者指找到描述数据的可理解模式。根据数据挖掘发现知识的不同，可以将数据挖掘的常见任务归纳为以下几类：

(1) 特征规则。从与学习任务相关的一组数据中提取出关于这些数据的特征式，这些特征式表达了该数据集的总体特征。例如可以从某个客户群体中提取关于某产品和服务购买的特征规则。

(2) 区分规则。发现或提取要学习的数据（目标数据）的某些特征或属性，使之与对比数据能够区分开来。例如可以通过两个客户群价值的比较分析，提取出它们之间的区别规则，利用这些规则来区分不同价值的客户。

(3) 分类。分类是用一个函数把各个数据项映射到某个预定义的类，或者说是开采出关于该类数据的描述或者模型，数据分类方法包括决策树分类方法、统计方法、神经网络方法、粗糙集方法等。在客户管理中可以根据历史数据建立各种分类规则，对于新近客户根据消费行为和分类规则可以推测该客户所处的价值区间。

(4) 关联分析。关联性用来发现一组项目之间的关联关系和相关关系，它们经常被表述为规则形式。一条形如 $X \geqslant Y$ 的关联规则可以解释为：满足 X 的数据库元组也很可能会满足 Y。一般的关联分析（也称购物篮分析）是指从产品目录或零售店的销售数据（无论是有形销售还是在线销售）中导出产品关联的商用信息的过程。关联性分析广泛应用于交易数据分析，通过分析结果来指导销售配货、商店陈列设计、产品目录设计、产品定价和促销及其他市场决策的制定。

(5) 聚类分析。聚类是一种对具有共同趋势和模式的数据元组进行分组的方法。聚类经常用于搜索并且识别一个有限的种类集合或簇集合，从而描述数据。简言之，就是识别出一组聚类规则，将数据分为若干类，而这些种类可能相互排斥而且是穷举的，或者包含了更为丰富的表达形式，例如层次的种类或重叠的种类。经过分类的数据，在各类之间数据相似程度很小，而在类的内部数据相似程度很大。例如零售商用于对市场上的客户群体分类，将目标消费群体划分为三类：高收入、中等收入、低收入，针对不同类的客户采取不同的营销策略。

(6) 预测。通过建立表示数据中固有模式和趋势的模型，这样就可以利用该模型预测未来事件的结果。尽管历史数据本身并不能对未来进行预测，但是模式本身趋于一种不断的循环往复。因此，只要对某一个数据集建立具有代表性的模型，那么就可以对它进行预测。通过对数据集中数据的分析，利用统计分析的方法，找出需要预测的属性值并根据相似数据的分析来估算属性值的分布情况。

(7) 变化和偏差分析。变化和偏差分析用来探测数据现状与历史记录或标准之间的显著变化和偏离。偏差包括很大一类潜在的有趣知识，如观测结果与期望的偏离、类中的反常实例、模式的例外等。

2.2.2 数据挖掘的体系结构

数据挖掘系统是数据仓库系统中非常重要的部分。但是数据挖掘系统可以独立于数据仓库而存在。通常，数据挖掘产品都提供访问数据仓库、数据库、平面文件及其他外部数据源的接口。利用这些接口，数据挖掘工具可以通过多种渠道获得所需的数据。在提取数据的时候，数据挖掘工具需要进行一些预处理以保证进入挖掘库数据的正确性。

在许多情况下，数据挖掘工具将从数据仓库中提取数据，如果数据在进入数据仓库时已经完成了数据的一致性工作，则数据进入挖掘库时，可以不做清理。挖掘库是数据挖掘工具的核心部分，在挖掘库中存放了数据挖掘项目需要的数据、算法库和知识库。在算法库中存放了已经实现的挖掘算法，在知识库中存放着预先定义的和经过挖掘后发现的知识。

通常数据挖掘工具还应当提供需要的编程 API，使用户可以对算法进行改进，将算法嵌入到最终用户的界面系统中。数据挖掘的体系结构，如图 2-3 所示。

图 2-3　数据挖掘的体系结构

2.3　数据挖掘过程及过程模型

2.3.1　数据挖掘的过程

数据挖掘的一般过程为：数据准备、确定主题、读入数据并建立模型、理解模型、预测和评价。

（1）数据准备。数据准备对于数据挖掘的成功至关重要，IBM 等咨询公司已经证实了数据准备需消耗整个数据挖掘过程中 50%～80% 的资源，事实上如果没有数据的预处理阶段，单纯进行数据挖掘将成为一个盲目探索的过程，可能会得出毫无意义或错误的结果。目前对数据挖掘的研究仍主要集中在数据挖掘技术上，数据准备一直未得到应有的重视，DorlanPyle 在其新著《数据挖掘中的数据准备》（Data Preparation for Data Ming）中作了详细的论述。数据准备大致分为三步：数据集成，数据选择，数据转化。

1）数据集成。从多个异质操作性数据库、文件或遗留系统中提取并集成数据，解决语义二义性，统一不同格式的数据，消除冗余、重复存放数据的现象。同时还要清洗数据，包括对噪声数据、缺失数据及异常数据等的处理。

2）数据选择。在相关领域和专家知识的指导下，辨别出需要进行分析的数据集合，缩小挖掘范围，避免盲目搜索，提高数据挖掘的效率和质量。

3）数据缩减和转化。选定的数据在挖掘前，必须要加以精炼处理，如通过缩减高维复杂数据的维数，减少有效变量的个数等。

另外在数据准备阶段中，通过与用户交互引入领域专家知识也很重要。这样做可帮助定义具体问题和用户需求，使模型更直观，也可以限制搜索空间，以便高效率的发现更精确的知识，还可以对发现的结果进行后处理，从中过滤出有意义、有价值的知识和信息。

（2）确定主题。准备好需要挖掘的数据集之后，然后就需要确定数据挖掘研究的范围了。在确定研究主题的时候需要联系到企业经营和市场营销的战略，根据商业目标选取良好的主题。在数据挖掘的过程中可能会发现存在很多不同类型的信息都可以作为挖掘的主题，这些类型的信息在决策支持领域中通常称之为维度。我们需要判断哪些维度可以用来描述我们确定的主题，已经确认选择的维度其所含数据域的描述能力如何，以及还需要增加哪些类型的维度。

（3）读入数据并建立模型。一旦确定了数据挖掘的目标并给出了主题的相关输入数据之后，接下来就要将数据转换成一个分析模型。这个分析模型是针对挖掘算法建立的。建立一个真正适合挖掘算法的分析模型是数据挖掘成功的关键。

这里我们还需要考虑的问题包括模型的准确性，看其在多大程度上支持实际的结果。其次还需考虑模型的可理解性，模型是否可使我们了解输入对结果的作用，模型是否可使我们了解其预测成功或失败的原因，模型是否可使我们对复杂数据集产生预测结果，模型是否能对产生结果进行检测等等。

（4）理解模型。理解模型包括多个方面。首先需要了解模型框架、模型传达的信息与特定结果之间的关联关系。其次是模型数据的分布，应当如何划分数据以得到最优结果，包括选择最匹配的数据挖掘算法，对结果的可视化处理等。最后是验证、评价模型对于数据集的预测的准确性，同时采取措施改进模型，提高其预测准确度，尤其要注意那些对于训练数据集数据高度有效而对于未在建立模型中使用的预测数据相对无效的模型。

（5）解释和评价。对数据挖掘发现的模式进行解释和评价，就是指过滤出有用的知识。具体包括消除无关的、多余的模式，过滤出要呈现给用户的信息，利用可视化技术将有意义的模式以图形或逻辑可视化的形式表示，转化为用户可理解的语言。一个成功的数据挖掘的应用应能将原始数据转换为更简洁、更易理解、可明确定义关系的形式。此外还包括解决发现结果与以前知识的潜在冲突，利用统计方法对模式进行评价，决定是否需要重复以前的操作，以得到最优、最适合的模式。

数据挖掘抽取的信息经过事后处理可用于解释当前或历史现象，预测未来可能发生的情况，使决策者参照从过去发生的事实中抽取的信息进行决策制定。当然，对于数据挖掘的评价还包括模型有效性及其预测结果的评价。

2.3.2 数据挖掘过程模型

数据挖掘是一个过程，它从大量数据中抽取出有价值的信息或知识以便提供决策依据。由于每一种数据挖掘技术方法（算法及技术要求）都有其自身的特点和实现步骤，与具体应用问题密切相关，因此成功应用数据挖掘技术以便达到目标的过程本身就是一件很复杂的事情。以下介绍 2 个数据挖掘过程模型，一是 SPSS 提出的 5A 模型，二是数据挖掘特别兴趣小组提出的 CRISP-DM 过程模型[1]。

2.3.2.1　5A 模型

5A 模型认为任何数据挖掘方法学都有 5 个基本元素组成，即 Assess、Access、Analyze、Act 和 Automate。它们的定义分别如下：

（1）Assess：正确、彻底地评价任务的需求及数据。

（2）Access：方便、快速地存取任务所涉及的数据。

（3）Analyze：适当、完备地分析技术和工具。

（4）Act：具有推荐性、说服力地原型演示。

（5）Automate：为用户提供最易于使用、最方便的自动化软件。

针对这 5 个过程，5A 描述了各元素在数据挖掘技术应用中所需完成的任务和应该提供的支持功能。5A 模型强调的是支持数据挖掘的工具应具有的功能和能力，它是对支持数据挖掘工具的定义。

2.3.2.2　CRISP-DM 模型

CRISP-DM 模型（Cross-Industry Standard Process for Data Mining）即"数据挖掘交叉行业标准过程"。其直接动机是将数据挖掘技术转化为商业应用，所提出的过程模型均在项目中进行实践和验证，因此，具有一定的代表性。

CRISP-DM 模型采用分层方法是将一个数据挖掘项目的生存周期定义为 6 个阶段和 4 个层次，如图 2-4 所示。

6 个阶段是：Business Understanding、Data Understanding、Data Preparation、Modeling、Evaluation 和 Deployment，阶段间的顺序并不严格，比如商业理解和数据理解之间常需要往复，数据准备和数据模型建立也常需要反复。阶段间有循环，比如在对模型进行评价后，如果不满意，可能需要重新对商业问题进行理

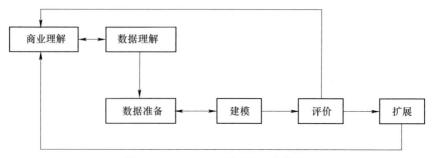

图 2-4　CRISP-DM 模型的 6 个阶段

解，重新开始建模。一个阶段的任务完成后，如果需要继续扩展挖掘的范围，则需要重新开始循环。4 个层次是阶段划分（phase）、定义通用任务（generic task）、定义专用任务（specialized task）和处理实例（process instance）。每个划分由若干 genetic task 组成，每个 genetic task 又需要实施若干 specialized task，每个 specialized task 由若干 process instance 来完成。

CRISP-DM 从进行数据挖掘方法学的角度强调实施数据挖掘项目的方法和步骤，并独立于每个具体数据挖掘算法和数据挖掘系统。

2.4　数据挖掘算法

具体的数据挖掘算法包括决策树、遗传算法、神经网络、统计分析、关联分析、贝叶斯网络等。当然，一种算法不可能解决所有的数据挖掘任务，所以常常需要将多种算法结合起来进行分析和比较。这里主要介绍本章使用的几种算法。

2.4.1　关联规则

2.4.1.1　基本概念

（1）规则。规则的一般形式为"If 条件成立，Then 结论"。通过关联分析可以发现 3 种规则：有用的、价值不高的和费解的。

价值不高的规则往往是对一些商业领域内众所周知的规则的重现。比如，今天是情人节那么鲜花的价格肯定会暴涨，这样的规则已经为人们所感知并实际运用到了商业运作当中。

费解的规则往往是数据中的一些偶然的东西。比如，有一天某个超市发现购买消暑商品的客户增加，但是只有这一天销量特别突出，前后销量趋于平常。造成这种情况的原因很可能是偶然，如附近的几个居民区那天停电等等。对于这样费解的规则，因为它出现的概率很低，我们没有必要对其进行分析，也没有必要采取什么行动。只有在事务之间潜在的经常发生的规则才是有用的规则，即"潜在的"，就是说别人还没有发现，也没用广泛运用到商业运作当中；"经常发生的"说明规则发生的概率很大，我们对其采取行动产生的效益可能也很大。

（2）支持度。支持度抽象的定义是一个元组在数据集合中出现的概率，如一个超市里 88% 的客户都购买了商品 A，则 88% 为商品 A 的支持度，即 Support = 0.88。

（3）可信度。假定 68% 的客户购买了商品 A、B 和 C，则我们可以定义这样一条规则，"购买了商品 A 和 B 的客户，将会购买商品 C"。当然这条规则并不是绝对成立的，在我们的问题中，它成立的概率为 68%。我们将 68% 称为规则"购买了商品 A 和 B 的客户，将会购买商品 C"的可信度。

可信度是针对规则而言的，它对于一般规则的抽象定义为：

$$Confidence = \frac{P(条件和结论)}{P(条件)} \tag{2-1}$$

在进行关联分析时，用户需输入两个基本参数：最小置信度（*MinConfidence*）和最小支持度（*MinSupport*）。

（4）最小支持度（*MinSupport*）。如果某种规则发生的概率低于指定的最小支持度（*MinSupport*），则我们可以不考虑这些规则。

$$P(A \rightarrow B) > MinSupport \tag{2-2}$$

显然，最小支持度用来去除可能性很小的规则，也就是前面提到的费解的规则。如果规则发生的概率很小，则规则发生作用的范围很小，这样的规则将没有太大的用处。

（5）最小置信度（*MinConfidence*）。这里只考虑概率超过最小置信度的规则（*MinConfidence*）。

$$\frac{P(AB)}{P(A)} > MinConfidence \tag{2-3}$$

如果某个规则成立的概率很小，则这个规则将没有什么用处。这就是说，如果规则成立的概率很小，则说明这两个事物间的联系很小，不需要对概率很小的联系进行分析。

由于在关联分析中需要分析众多的组合情况，因此在分析中使用最小支持度和最小置信度对组合进行过滤是非常必要的，只有这样才能在很大程度上降低计算的复杂度。低于最小支持度的规则，因为其覆盖面（事件本身发生的概率低）很小而被过滤掉；而高于最小支持度但低于最小可信度的规则，虽然覆盖面很宽，但是规则成立的概率太低（规则的可靠性差），因此，它常常会给出错误的答案，也必须滤除；只有高于最小支持度且高于最小可信度的规则才被保留[2]。

2.4.1.2　关联规则原理

关联规则算法在数据仓库的条目或对象间抽取依赖性。依赖性分析之所以令人感兴趣，因为它展示了数据间未知的依赖关系，并有可能描述成关注性数据项间的因果关系。因此，利用关联规则算法可以从某一数据对象的信息来推断另一数据对象的信息。关联性通常并不是一种确定的关系，只是一个带有置信度因子的可能值。

我们通过一个简单的例子说明关联规则的基本原理，例如在超市里，A、B、C 商品的购买概率（见表 2-1）。

表 2-1　商品的购买概率

元　　组	购　买　概　率
A	45%
B	42.5%
C	40%
A 和 B	25%
A 和 C	20%
B 和 C	15%
A 和 B 和 C	5%

那么，关联规则"If 客户购买了产品 A，Then 将会购买产品 B"支持度为：$Support(A\&B) = 25\%$，置信度为：

$$Confidence(A\&B) = \frac{Support(A\&B)}{Support(A)} = \frac{25\%}{45\%} = 55.6\% \tag{2-4}$$

关联规则"If 客户购买了产品 A 和产品 B，Then 将会购买产品 C"的支持度为：$Support(A\&B\&C) = 5\%$，置信度为：

$$Confidence(A\&B\&C) = \frac{Support(A\&B\&C)}{Support(A\&B)} = \frac{5\%}{25\%} = 20\% \tag{2-5}$$

2.4.1.3　关联规则的优缺点

关联规则算法的优点：

（1）可以产生清晰有用的结果，结果使用规则或直观的图形来表达。

（2）能支持间接数据挖掘。

（3）可以处理变长的数据，算法只分析规则出现的概率和可信度，对于数据的类型没有更高的要求。

关联规则算法的缺点：

（1）问题变大时，计算量增长很快，比如，在超市中产品的种类非常繁多，它们之间的组合将急速增长，算法的计算量也将急速增长。

（2）容易忽略稀有的数据，由于在算法中将作用范围很低的规则首先滤除，这实际上忽略了稀有的数据。

依赖性分析首先是在解决销售领域内的问题提出来的，它可以应用很多领域，只要一个客户在同一时间里买了多样东西，或者在一段时间内做了好几样事情就可能是一个潜在的应用。例如：

（1）用信用卡购物，如汽车租金和旅馆费，可以看他下一个要买的物品。

（2）用电话公司提供的多项服务研究捆绑销售的问题。

（3）用银行提供的多种服务分析客户可能需要哪些服务。

（4）不寻常的多种保险申请可能是欺诈行为。

2.4.2 聚类算法

"物以类聚，人以群分"，在自然科学和社会科学中，存在着大量的分类问题。所谓类，通俗地说，就是指相似元素的集合。聚类分析又称群分析，它是研究（样品或指标）分类问题的一种统计分析方法。聚类分析起源于分类学，在古老的分类学中，人们主要依靠经验和专业知识来实现分类，很少利用数学工具进行定量的分类。随着人类科学技术的发展，对分类的要求越来越高，以致有时仅凭经验和专业知识难以确切地进行分类，于是人们逐渐地把数学工具引用到了分类学中，形成了数值分类学，之后又将多元分析的技术引入到数值分类学形成了聚类分析。聚类分析内容非常丰富，有系统聚类法、有序样品聚类法、动态聚类法、模糊聚类法、图论聚类法、聚类预报法等。

聚类（Cluster）分析是由若干模式（Pattern）组成的，通常，模式是一个度量（Measurement）的向量，或者是多维空间中的一个点。聚类分析以相似性为基础，在一个聚类中的模式之间比不在同一聚类中的模式之间具有更多的相似性。

聚类的用途是很广泛的。在商业上，聚类可以帮助市场分析人员从消费者数据库中区分出不同的消费群体来，并且概括出每一类消费者的消费模式或者说习惯。它作为数据挖掘中的一个模块，可以作为一个单独的工具以发现数据库中分布的一些深层的信息，并且概括出每一类的特点，或者把注意力放在某一个特定的类上以作进一步的分析；并且，聚类分析也可以作为数据挖掘算法中其他分析算法的一个预处理步骤。

聚类分析的算法可以分为分裂法（Partitioning Methods）、层次法（Hierarchical Methods）、基于密度的方法（Density-Based Methods）、基于网格的方法（Grid-Based Methods）、基于模型的方法（Model-Based Methods）[3,4]。

2.4.2.1 聚类分析计算方法

A 分裂法（Partitioning Methods）

给定一个有 N 个元组或者记录的数据集，分裂法将构造 K 个分组，每一个分组就代表一个聚类，$K < N$。而且这 K 个分组满足下列条件：

（1）每一个分组至少包含一个数据记录。

（2）每一个数据记录属于且仅属于一个分组（注意：这个要求在某些模糊聚类算法中可以放宽）。

对于给定的 K，算法首先给出一个初始的分组方法，以后通过反复迭代的方法改变分组，使得每一次改进之后的分组方案都较前一次好，而所谓好的标准就是：同一分组中的记录越近越好，而不同分组中的记录越远越好。使用这个基本思想的算法有：K-MEANS 算法、K-MEDOIDS 算法、CLARANS 算法。

B　层次法（Hierarchical Methods）

这种方法对给定的数据集进行层次似的分解，直到某种条件满足为止。具体又可分为"自底向上"和"自顶向下"两种方案。例如在"自底向上"方案中，初始时每一个数据记录都组成一个单独的组，在接下来的迭代中，它把那些相互邻近的组合并成一个组，直到所有的记录组成一个分组或者某个条件满足为止。代表算法有：BIRCH 算法、CURE 算法、CHAMELEON 算法等。

C　基于密度的方法（Density-Based Methods）

基于密度的方法与其他方法的一个根本区别是：它不是基于各种各样的距离的，而是基于密度的。这样就能克服基于距离的算法只能发现"类圆形"的聚类的缺点。这个方法的指导思想就是，只要一个区域中的点的密度大过某个阈值，就把它加到与之相近的聚类中去。代表算法有：DBSCAN 算法、OPTICS 算法、DENCLUE 算法等。

D　基于网格的方法（Grid-Based Methods）

这种方法首先将数据空间划分成为有限个单元（Cell）的网格结构，所有的处理都是以单个的单元为对象的。这么处理的一个突出的优点就是处理速度很快，通常这是与目标数据库中记录的个数无关的，它只与把数据空间分为多少个单元有关。代表算法有：STING 算法、CLIQUE 算法、WAVE-CLUSTER 算法。

E　基于模型的方法（Model-Based Methods）

基于模型的方法给每一个聚类假定一个模型，然后去寻找能够很好地满足这个模型的数据集。这样一个模型可能是数据点在空间中的密度分布函数或者其他。它的一个潜在的假定就是：目标数据集是由一系列的概率分布所决定的。通常有两种尝试方向：统计的方案和神经网络的方案。

2.4.2.2　聚类算法

A　K-Means 算法

K-Means 算法接受输入量 k，然后将 n 个数据对象划分为 k 个聚类以便使得所获得的聚类满足：同一聚类中的对象相似度较高；而不同聚类中的对象相似度较小。聚类相似度是利用各聚类中对象的均值所获得一个"中心对象"（引力中心）来进行计算的。

K-Means 算法的工作过程说明如下：首先从 n 个数据对象中任意选择 k 个对象作为初始聚类中心；而对于剩下的其他对象，则根据它们与这些聚类中心的相似度（距离），分别将它们分配给与其最相似的（聚类中心所代表的）聚类；然后再计算每个所获新聚类的聚类中心（该聚类中所有对象的均值）；不断重复这一过程直到标准测度函数开始收敛为止。一般都采用均方差作为标准测度函数。k 个聚类具有以下特点：各聚类本身尽可能的紧凑，而各聚类之间尽可能的分开。

B　K-Medoids 算法

K-Means 算法有其缺点：产生类的大小相差不会很大，对于脏数据很敏感。改进的算法 K-Medoids 选取一个叫做 Medoids 的对象来代替上面的中心发挥的作用，每一个 Medoids 标识一个类。步骤如下：

（1）任意选取 K 个对象作为 medoids(o_1，o_2，$\cdots$，o_i，$\cdots$，o_k)。

以下是循环的：

（2）将余下的对象分到各个类中去（根据与 Medoids 最相近的原则）。

（3）对于每个类（o_i）中，顺序选取一个 o_r，计算用 o_r 代替 o_i 后的消耗 $E(o_r)$。选择 E 最小的那个 o_r 来代替 o_i。这样 K 个 Medoids 就改变了，下面就再转到（2）。

（4）这样循环直到 K 个 Medoids 固定下来。

这种算法对于脏数据和异常数据不敏感，但计算量显然要比 K 均值要大，一般只适合小数据量。

C　Clara 算法

上面提到 K-Medoids 算法不适合于大数据量的计算。现在介绍 Clara 算法，这是一种基于采样的方法，它能够处理大量的数据。

Clara 算法的思想就是用实际数据的抽样来代替整个数据，然后再在这些抽样的数据上利用 K-Medoids 算法得到最佳的 Medoids。Clara 算法从实际数据中抽取多个采样，在每个采样上都用 K-Medoids 算法得到相应的（o_1，o_2，$\cdots$，o_i，$\cdots$，o_k），然后在这当中选取 E 最小的一个作为最终的结果。

D　Clarans 算法

Clara 算法的效率取决于采样的大小，一般不太可能得到最佳的结果。

在 Clara 算法的基础上，又提出了 Clarans 的算法。Clarans 与 Clara 算法不同的是：在 Clara 算法寻找最佳的 Medoids 的过程中，采样都是不变的，而 Clarans 算法在每一次循环的过程中所采用的采样都是不一样的。与上面所讲的寻找最佳 Medoids 的过程不同的是，Clarans 算法必须人为地来限定循环的次数。

2.4.3　决策树算法

决策树是以实例为基础的归纳学习算法。它从一组无次序、无规则的元组中推理出决策树表示形式的分类规则。它采用自顶向下的递归方式，在决策树的内部结点进行属性值的比较，并根据不同的属性值从该结点向下分支，叶结点是要学习划分的类。从根到叶结点的一条路径就对应着一条合取规则，整个决策树就对应着一组析取表达式规则。1986 年 Quinlan 提出了著名的 ID3 算法。在 ID3 算法的基础上，1993 年 Quinlan 又提出了 C4.5 算法。为了适应处理大规模数据集的需要，后来又提出了若干改进的算法，其中 SLIQ（Super-vised Learning In Quest）和 SPRINT（Scalable Parallelizableinduction of Decision Trees）是比较有代表性的两个算法[4]。

2.4.3.1 ID3 算法

ID3 算法的核心是：在决策树各级结点上选择属性时，用信息增益（Information Gain）作为属性的选择标准，以使得在每一个非叶结点进行测试时，能获得关于被测试记录最大的类别信息。其具体方法是：检测所有的属性，选择信息增益最大的属性产生决策树结点，由该属性的不同取值建立分支，再对各分支的子集递归调用该方法建立决策树结点的分支，直到所有子集仅包含同一类别的数据为止。最后得到一棵决策树，它可以用来对新的样本进行分类。

某属性的信息增益按下列方法计算：通过计算每个属性的信息增益，并比较它们的大小，就不难获得具有最大信息增益的属性。

设 S 是 s 个数据样本的集合。假定类标号属性具有 m 个不同值，定义 m 个不同类 $C_i(i = 1, \cdots, m)$。设 s_i 是类 C_i 中的样本数。对一个给定的样本分类所需的期望信息由下式给出：

$$I(s_1, s_2, \cdots, s_m) = -\sum_{i=1}^{m} p_i \log_2(p_i) \tag{2-6}$$

式中，p_i 是任意样本属于 C_i 的概率，一般可用 s_i/s 来估计。注意，对数函数以 2 为底，因为信息用二进位码。

设属性 A 具有 v 个不同值 $\{a_1, a_2, \cdots, a_v\}$，可以用属性 A 将 S 划分为 v 个子集 $\{S_1, S_2, \cdots, S_v\}$。其中，$S_j$ 中的样本在属性 A 上具有相同的值 $a_j(j = 1, 2, \cdots, v)$。

设 s_{ij} 是子集 S_j 中类 C_i 的样本数，则由 A 划分成子集的熵或信息期望由下式给出：

$$E(A) = -\sum_{j=1}^{v} \frac{s_{1j} + s_{2j} + \cdots + s_{mj}}{s} I(s_{1j}, s_{2j}, \cdots, s_{mj}) \tag{2-7}$$

熵值越小，子集划分的纯度越高。对于给定的子集 S_j，其信息期望为：

$$I(s_{1j}, s_{2j}, \cdots, s_{mj}) = -\sum_{i=1}^{m} p_{ij} \log_2(p_{ij}) \tag{2-8}$$

式中，$p_{ij} = \dfrac{s_{ij}}{|s_j|}$ 为 S_j 中样本属于 C_i 的概率。在属性 A 上分枝将获得的信息增益是：

$$Gain(A) = I(s_{1j},\ s_{2j},\ \cdots,\ s_{ij}) - E(A) \tag{2-9}$$

ID3 算法的优点是：算法的理论清晰，方法简单，学习能力较强。

ID3 算法的缺点是：只对比较小的数据集有效，且对噪声比较敏感，当训练数据集加大时，决策树可能会随之改变。

2.4.3.2　C4.5 算法

C4.5 算法继承了 ID3 算法的优点，并在以下几方面对 ID3 算法进行了改进：

（1）用信息增益率来选择属性，克服了用信息增益选择属性时偏向选择取值多的属性的不足。信息增益率的计算公式为：

$$GainRatio(A) = \frac{Gain(A)}{SplitI(A)} \tag{2-10}$$

式中，$SplitI(A) = -\sum_{j=1}^{v} p_j \log_2(p_j)$。

（2）在树构造过程中进行剪枝。

（3）能够完成对连续属性的离散化处理。

（4）能够对不完整数据进行处理。

C4.5 算法与其他分类算法如统计方法、神经网络等比较起来有如下优点：产生的分类规则易于理解，准确率较高。

C4.5 算法的缺点是：在构造树的过程中，需要对数据集进行多次的顺序扫描和排序，因而导致算法的低效。此外，C4.5 只适合于能够驻留于内存的数据集，当训练集大得无法在内存容纳时程序无法运行。

2.4.3.3　SLIQ 算法

SLIQ 算法对 C4.5 决策树分类算法的实现方法进行了改进，在决策树的构造过程中采用了"预排序"和"广度优先策略"两种技术。

（1）预排序。对于连续属性在每个内部结点寻找其最优分裂标准时，都需要对训练集按照该属性的取值进行排序，而排序是很浪费时间的操作。为此，SLIQ 算法采用了预排序技术。所谓预排序，就是针对每个属性的取值，把所有的记录按照从小到大的顺序进行排序，以消除在决策树的每个结点对数据集进行的排序。具体实现时，需要为训练数据集的每个属性创建一个属性列表，为类别属性创建一个类别列表。

（2）广度优先策略。在 C4.5 算法中，树的构造是按照深度优先策略完成的，需要对每个属性列表在每个结点处都进行一遍扫描，费时很多。为此，SLIQ 采用广度优先策略构造决策树，即在决策树的每一层只需对每个属性列表扫描一次，就可以为当前决策树中每个叶子结点找到最优分裂标准。

SLIQ 算法由于采用了上述两种技术，使得该算法能够处理比 C4.5 大得多的训练集，在一定范围内具有良好的随记录个数和属性个数增长的可伸缩性。

然而它仍然存在如下缺点：

（1）由于需要将类别列表存放于内存，而类别列表的元组数与训练集的元组数是相同的，这就一定程度上限制了可以处理的数据集的大小。

（2）由于采用了预排序技术，而排序算法的复杂度本身并不是与记录个数成线性关系，因此，使得 SLIQ 算法不可能达到随记录数目增长的线性可伸缩性。

2.4.3.4 SPRINT 算法

为了减少驻留于内存的数据量，SPRINT 算法进一步改进了决策树算法的数据结构，去掉了在 SLIQ 中需要驻留于内存的类别列表，将它的类别列合并到每个属性列表中。这样，在遍历每个属性列表寻找当前结点的最优分裂标准时，不必参照其他信息，将对结点的分裂表现在对属性列表的分裂，即将每个属性列表分成两个，分别存放属于各个结点的记录。

SPRINT 算法的优点是在寻找每个结点的最优分裂标准时变得更简单。

SPRINT 算法的缺点是对非分裂属性的属性列表进行分裂变得很困难。

解决的办法是对分裂属性进行分裂时，用哈希表记录下每个记录属于哪个子结点，若内存能够容纳下整个哈希表，其他属性列表的分裂只需参照该哈希表即可。由于哈希表的大小与训练集的大小成正比，当训练集很大时，哈希表可能无法在内存容纳，此时分裂只能分批执行，这使得 SPRINT 算法的可伸缩性仍然不是很好。

2.4.4 神经网络算法

人工神经网络（ANN）是一种试图模拟人的神经系统建立起来的非线性动力系统，是多学科交叉的边缘学科。这些学科包括：神经学、心理学、信息学、数学、物理学、系统科学等，特别是统计物理学、工程学、控制论等学科分支的发展直接推动了神经网络方法的发展与应用。自 20 世纪 80 年代末期以来，神经网模型在经济学和管理学等方面的应用也逐渐展开，在经济景气分析、经济时间序列预测、组合证券优化、股票预测等经济领域，吸引了不少专家的研究，得到了常规经济学方法所不能得到的效果。尤其是 BP 网络更是广泛地用来解决识别和预测等问题[4,5]。

2.4.4.1 BP 神经网络结构

BP 神经网络也称前馈神经网，是前向网络的核心部分，体现了人工神经网络最精华的部分，在实际应用中，80%~90% 的人工神经网络模型采用 BP 算法，目前主要应用于函数逼近、模式识别、分类和数据压缩或数据挖掘。

　　神经网络包含一组节点（神经元）和边，这组节点和边形成一个网络，如图 2-5 所示。

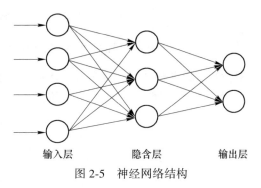

　　节点的类型有三种：输入、隐含和输出。每条边都通过一个相关联的权值来连接两个节点。边的方向代表预测过程中的数据流，每个节点都是一个处理单元。输入节点形成网络的第一层。在大多数神经网络中，每个

图 2-5　神经网络结构

输入节点都被映射到一个输入属性。输入属性最初的值在处理之前必须被转换为相同范围（通常在−1~1 之间）的浮点数。

　　隐含节点是在中间层中的节点。隐含节点从输入层或前面的隐含层中的节点上接收输入。它基于相关边的权值来组合所有的输入，处理一些计算，然后将处理的结果传给下一层。

　　输出节点通常为可预测的属性。输出节点的结果通常是 0~1 之间的浮点数。

　　用于神经网络的预测是简单易懂的，输入事例的属性值被规范化，接着被映射到输入层的神经元。然后，每个隐含层的节点会处理输入，触发一个输出到后面的层中。最后，输出神经元开始处理和生成一个输出值。该值被映射到最初的范围或最初的类别中。

2.4.4.2　BP 网络函数

　　神经网络的结构中包含的函数有：输入组合函数、输出计算函数（激活函数）和误差函数。输入组合函数将输入值组合到单个值中。存在不同的方法来组合输入值，如加权和、平均值、最大逻辑 OR 以及逻辑 AND。常见的描述非线性行为激活函数有 *sigmoid* 和 tanh 函数。*sigmoid* 和 tanh 函数定义如下：

$$sigmoid: O = 1/1 + e^a$$
$$tanh: O = (e^a - e^{-a})/(e^a + e^{-a}) \tag{2-11}$$

　　常见误差函数有：参差平方（squared residual）（预测值和实际值之间的差值的平方）或者用于二值分类的阈值（如果输出和实际值之间的差值小于 0.5，则误差是 0；否则，误差是 1）。

$$E_p = 1/2 \sum_i (t_{pi} - o_{pi})^2 \tag{2-12}$$

式中，t_{pi}、o_{pi} 分别为期望输出与计算输出；p 为第 p 个样本的数据。

2.4.4.3　BP 网络学习过程

　　神经网络调整过程如下：

　　　　计算输出层神经元误差：$Err_i = O_i(1 - O_i)(T_i - O_i)$ $\tag{2-13}$

式中，O_i 为输出神经元 i 的输出；T_i 为训练样例的该神经元的实际值。

$$\text{计算隐含层神经元误差：} Err_i = O_i(1 - O_i) \sum_{j=1}^{n} (Err_j w_{ij}) \qquad (2\text{-}14)$$

式中，O_i 为隐含神经元 i 的输出，该神经元有 n 个到下一层的输出；Err_j 为神经元 j 的误差；w_{ij} 为这两个神经元之间的权值。

$$\text{调整网络权值：} w_{ij} = w_{ij} + L \times Err_j \times O_i \qquad (2\text{-}15)$$

式中，L 为学习速度，是 0~1 范围中的一个数。如果 L 小，则每次迭代后权值上的变化也小，学习速度慢，L 的值通常在训练过程中会减少。

2.5 数据挖掘在 CRM 的应用

对于 CRM 中的客户价值管理而言，CRM 关注的是客户整个生命周期与企业之间的交互关系。客户数量越多，单个客户与企业交易或是接触次数越频繁，客户的生命周期越长，最终企业所收集形成的客户数据量越大。对于如此海量的客户数据，需要用到数据挖掘技术来分析和处理，发现其中有价值的客户信息，支持企业的市场营销、销售或客户服务决策等。我们可以构建一个客户关系管理中的数据挖掘应用模型，如图 2-6 所示。

图 2-6　数据挖掘应用模型

数据挖掘在 CRM 中的具体应用可以如下几个方面来进行分析。

2.5.1 营销

企业的市场营销战略的成功很大程度上需要以充分的市场调研和消费者信息分析为基础，这些信息用来支持目标市场的细分和目标客户群的定位，制订有针对性的营销措施，提高客户响应率，降低营销成本，还提供客户需求的趋势分析，使得企业能够对稍纵即逝的市场机遇做出灵敏的反应。

计算机、网络、通信技术的迅速发展，以及这些技术的联合应用，对企业的营销产生了重要的影响。企业与客户通过 Web、Email、电话等渠道进行交互和沟通已经相当的普遍了。这些类型的营销活动给潜在客户提供了更好的客户体验，使得潜在客户以自己的方式，在方便的时间获取所需的信息。为了获得最大的价值，通过对数据与信息的分析与挖掘，企业营销人员可以对这些商业活动进行跟踪，使潜在消费尽可能地成为现实消费。

目前在营销方面应用最为成熟的是数据库营销（Database Marketing）。数据库营销的任务是通过交互式查询、数据分割和模型预测等方法来选择潜在的客户以便向它们推销产品。通过对已有的客户数据的分析，可以将用户分为不同的级别，级别越高，其购买可能性越大。在进行营销分析时，首先对已有的用户信息进行手工分类，分类依据通常由专家根据用户的实际边线给出，这样得到训练数据后，由数据挖掘进行学习得出用户分类模式，当新用户到来时，可以由已经学习的系统给出其购买可能性的预测结果，从而可以根据预测结果对不同客户采取有针对性的营销措施。

2.5.2 销售

销售力量自动化（Sale Force Automation，SFA）是当前 CRM 中应用最为成熟的部分。销售人员与潜在客户互动，将潜在客户发展为企业真正的客户并保持其忠诚度，是企业盈利的核心因素。数据挖掘可以对多种市场活动的有效性进行实时跟踪和分析。在此过程中，数据挖掘可以使销售人员能够及时把握销售机遇，缩短销售周期，极大地提高工作效率。例如超市的购物篮分析（Basket Analysis）通过分析事务数据库来发现在购物活动中频繁出现的商品组合，以此识别客户的购买行为模式。目前购物篮分析已经在改善交叉销售比、楼层和货架安排、货物布置以及 Web 页面的目录层次安排等方面取得了显著效果。

2.5.3 客户服务

客户服务是 CRM 中最为关键的因素，优质的客户服务是吸引新客户、保留老客户、提高客户满意度和忠诚度的关键。通过对于客户人口统计数据以及历史消费信息的数据挖掘分析，归纳出客户的个人偏好、消费习惯、需求特征等，那么企业就可以有的放矢地为客户提供快捷、准确的一对一定制服务。

2.5.4 客户保持

现在各个行业的竞争越来越激烈，企业获得新客户的成本也不断地上升，因此保持原有客户对所有企业来说就显得越来越重要。比如在美国，移动通信公司每获得一个新用户的成本平均是 300 美元，而挽留住一个老客户的成本可能仅仅是通一个电话。成本上的差异在各行业可能会不同，在金融服务业、通讯业、高科技产品销售业，这个数字是非常惊人的，但无论什么行业，6~8 倍以上的差距是业界公认的。而且往往失去的客户比新得到的客户要贡献更多的利润。

近几年，国内一对一营销（One To One）正在被越来越多的企业和媒体宣传。一对一营销是指了解企业的每一个客户，并与之建立起长期持久的关系。这个看似很新的概念却一直采用很陈旧的方法执行，甚至一些公司理解的一对一营销就是每逢客户生日或纪念日寄一张卡片。在科技发展的今天，的确每个人都可以有一些自己独特的商品或服务，比如按照自己的尺寸做一套很合身的衣服，但实际上营销不是裁衣服，企业可以知道什么样的衣服合适企业的客户，但永远不会知道什么股票适合企业的客户。一对一营销是一个很理想化概念，大多数行业在实际操作中是很难做到的。

数据挖掘可以把企业大量的客户分成不同的类，在每个类里的客户拥有相似的属性，而不同类里的客户的属性也不同。企业完全可以做到给这两类客户提供完全不同的服务来提高客户的满意度。客户分类的好处显而易见，即使很简单的分类也可以给企业带来一个令人满意的结果。比如说如果企业知道客户中有85%是老年人，或者只有20%是女性，相信企业的市场策略都会随之而不同。数据挖掘同样也可以帮助企业进行客户分类，细致而切实可行的客户分类对企业的经营策略有很大益处。

2.5.5 风险评估和欺诈识别

金融领域、通信公司或者其他商业上经常发生欺诈行为，如信用卡的恶性透支、保险欺诈、盗打电话等，这些给商业单位带来了巨大的损失。对这类欺诈行为进行预测，尽管可能的预测准确率很低，但也会减少发生诈骗的机会，从而减少损失。进行欺诈识别和风险评估主要是通过总结正常行为和欺诈或异常行为之间的关系，得到非正常行为的特性模式，一旦某项业务符合这些特征时，就可以向决策人员提出警告。

我们将数据挖掘的方法运用到风险评估和欺诈识别中去，可以从以下几个方面加以分析：

（1）异常数据：相对于自身的异常数据，相对于其他群体的异常数据。

（2）无法解释的关系：检测具有不正常值的记录，相同或者相近的记录等。

（3）通常意义下的欺诈行为：已被证实的欺诈行为可以用于帮助确定其他可能的欺诈行为。基于这些历史数据找到检测欺诈行为的规则和评估风险的标准，定义记录下可能或者类似欺诈的事务。

通过数据挖掘技术回归、决策树、神经元网络等进行欺诈的预测和识别，将有用的预测合并加入到历史数据库中，并用来帮助寻找相近而未被发现的案例。随着数据库中知识的积累，预测系统的质量和可信度都会大大增强。

2.6 数据挖掘的工具

在数据挖掘技术日益发展的同时，许多数据挖掘的商业软件工具也逐渐问世。比较著名的有 IBM Intelligent Miner、SAS Enterprise Miner 和 SPSS Clementine 等，它们都能够提供常规的挖掘过程和挖掘模式[1]。

2.6.1 Intelligent Miner

由美国 IBM 公司开发的数据挖掘软件 Intelligent Miner，是一种分别面向数据库和文本信息进行数据挖掘的软件系列，它包括 Intelligent Miner for Data 和 Intelligent Miner for Text。Intelligent Miner for Data 可以挖掘包含数据库、数据仓库和数据中心的隐含信息，帮助用户利用传统数据库或普通文件中的结构化数据进行数据挖掘。它已经成功应用于市场分析、诈骗行为监测及客户联系管理等；Intelligent Miner for Text 允许企业从文本信息进行数据挖掘，文本数据源可以是文本文件、Web 页面、电子邮件或 Lotus Notes 数据库等。

2.6.2 Enterprise Miner

这是一种在我国的企业中得到采用的数据挖掘工具，由 SAS 公司出品。SAS Enterprise Miner 是一种通用的数据挖掘工具，按照"抽取—探索—转换—建模—评估"的方法进行数据挖掘。可以与 SAS 数据仓库和 OLAP 集成。

2.6.3 SPSS Clementine

SPSS Clementine 是一个开放式数据挖掘工具，曾两次获得英国政府 SMART 创新奖，它不但支持整个数据挖掘流程，从数据获取、转化、建模和评估到最终部署的全部过程，还支持数据挖掘的行业标准 CRISP-DM。Clementine 的可视化数据挖掘使得"思路"分析成为可能，即将集中精力在要解决的问题本身，而不是局限于完成一些技术性工作（比如编写代码）。提供了多种图形化技术，有助于理解数据间的关键性联系，指导用户以最快捷的途径找到问题的最终解决办法。

其他常用的数据挖掘工具还有 Oracle 的 Darwin 等。

2.6.4 Microsoft Business Intelligence Development Studio

Microsoft 的 SQL Server 2005 提供了完整的商业智能功能。SQL Server 2005 提供了三大服务和一个工具来实现系统的整合。三大服务是 SQL Server 2005 Analysis Service（SSAS）、SQL Server 2005 Integration Service（SSIS）和 SQL Server 2005 Reporting Service（SSRS），一个工具是 Business Intelligence Development Studio。它们的关系如图 2-7 所示。

三大服务都整合在 BI Studio 中，其中 SSIS 能从各种异构数据源中整合 BI 需要的业务数据，同时可以实现与商务流程统一。这项功能在以前是通过 DTS 服务（即数据转换服务）来实现的。

SSAS 是从数据中产生智能的关键，通过这种服务，可以构建数据立方（Cube），也就是多维数据集，然后进行 OLAP 分析，SSAS 也提供数据挖掘的功能。有了这种服务就能够很容易找出隐藏在数据中的"金矿"。

一个 BI 项目一般要为不同的人提供不同特点的报表，如总经理和部门经理

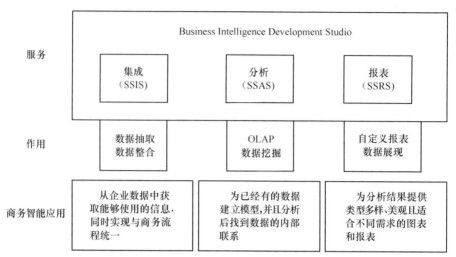

图 2-7　三大服务一个工具实现 BI 体系图

对报表的内容要求是完全不一样，SSRS 服务为满足这一要求提供了相应的工具，通过它可以对分析结果提供类型多样、美观且适合不同需求的图表和报表。

通过以上体系结构的设计，SQL Server 2005 可以实现建模、ETL、建立查询分析或图表、定制 KPI、建立报表和构造数据挖掘应用及发布等功能。

Microsoft 公司的数据挖掘功能是集成在 SSAS 服务里的，SQL Server 2005 数据挖掘功能支持的算法有：

（1）Microsoft 决策树算法。决策树算法将基于培训集中的值计算输出的几率。例如，20~30 岁年龄组中每年收入超过 60000 美元，且有自己的房子的人比没有自己房子的 15~19 岁年龄组的人更可能需要别人提供整理草坪的服务。以年龄、收入和是否有房子等信息为基础，决策树算法可以根据历史数据计算某个人需要整理草坪服务的几率。

（2）Microsoft 聚类分析算法。聚集是把整个数据库分成不同的群组。它的目的是要群与群之间的差别很明显，而同一个群之间的数据尽量相似。与分类不同，在开始聚集之前你不知道要把数据分成几组，也不知道要把数据分成几组，也不知道怎么分（依照哪几个变量）。因此在聚集之后要有一个对业务很熟悉的人来解释这样分群的意义。很多情况下，一次聚集你得到的分群对你的业务来说可能并不好，这时你需要删除或增加变量以影响分群的方式，经过几次反复之后才能最终得到一个理想的结果。

（3）Microsoft 序列聚类算法。顺序簇化算法用于根据以前时间的顺序分组或簇化数据。例如，Web 应用程序的用户经常按照各种路径浏览网站。此算法可以根据浏览站点的页面顺序对用户进行分组，以帮助分析消费者并确定是否某个路径比其他路径具有更高的收益。此算法还可以用于进行预测，例如预测用户可能访问的下一个页面。

（4）Microsoft Naive Bayes 算法。NaiveBayes 算法用于清楚地显示针对不同数据元素特定变量中的差异。例如，数据库中每个消费者的 Household Income（家庭收入）变量都会不同，可以作为预测未来购买活动的参数使用。此模型在显示特定组间的差异方面尤为出色，如那些流失的消费者和那些未流失的消费者。

（5）Microsoft 关联算法（购物篮分析）。关联规则算法将帮助识别各种元素之间的关系。例如，在交叉销售解决方案中就使用了该算法，因为它会记录各个项之间的关系，可以用于预测购买某个产品的人也会有兴趣购买何种产品。关联规则算法可以处理异常大的目录，经过了包含超过五十万种商品的目录的测试。

（6）Microsoft 时间序列算法。时间序列算法用于分析和预测基于时间的数据。销售额是最常见的使用时间序列算法进行分析和预测的数据。此算法将发现多个数据序列所反映出来的模式，以便企业确定不同的元素对所分析序列的影响。

（7）Microsoft 逻辑回归算法。

（8）Microsoft 线性回归算法。

（9）Microsoft 神经网络算法。神经网络是人工智能的核心。它们旨在发现数据中其他算法没有发现的关系。神经网络算法一般比其他算法更慢，但它可以发现各种并不直观的关系。

（10）Microsoft 文本挖掘算法。文本挖掘算法出现在 SQL Server Integration Services 中，用于分析非结构化的文本数据。利用此算法，各个公司可以对非结构化数据进行分析，如消费者满意度调查中的"comments"（注释）节。

参 考 文 献

［1］朱德利. SQL Server 2005 数据挖掘与商务智能完全解决方案 ［M］. 北京：电子工业出版社，2007.

［2］刘翔. 数据仓库与数据挖掘技术 ［M］. 上海：上海交通大学出版社，2005.

［3］毛国君，段立娟，王实，等. 数据挖掘原理与算法 ［M］. 北京：清华大学出版社，2005.

［4］陈文伟，黄金才，赵新. 数据挖掘技术 ［M］. 北京：北京工业大学出版社，2002.

［5］郑洪源，周良，丁秋林. 神经网络在销售预测中的应用研究 ［J］. 计算机工程与应用，2001，37（24）：30~31.

3　分 形 理 论

3.1　分形理论简介

分形理论是非线性科学研究中十分活跃的一个分支，它的研究对象是自然界和非线性系统中出现的不光滑和不规则的几何形体，其理论基础是分形几何学。自曼德尔布罗特（Mandelbrot）于 1973 年提出分形理论以后，大量的事实证明分形广泛存在于自然界[1]。分形理论有着重大的理论价值和广泛的实用价值，给我们展示了一类标度不对称的全新世界，在此世界中存在着新的物理规律和特征。

3.1.1　简单分形

分形的某些概念，早在一百年前便已出现。当今脍炙人口的 Cantor 集、VonKoch 曲线、Sierpinski 地毯等，本来就是传统数学中广为人知的事实。不过，从传统的眼光来看，它们的存在一直被认为是反常的现象。虽然人们并不怀疑其深刻的思想，但依然把它们和那些处处连续又处处不可微的函数一起，统统叫做数学中的反例。针对这样的历史事实，Mandelbrot 写道：我赞扬这些早年的数学家，因为他们早就为我提供了（如 Cantor 集等）这样的结构，使我能把它们串联在一起进行思考，从而发现其宝贵的价值；同时，我也责备他们，因为他们虽然构造出了许多精彩的反例，却没有发现它们之间的内在联系，反而像对待不受欢迎的畸形怪胎那样，认为那是不正常的事情。这样一来，真正深刻的内涵反而被完全忽视了。事实上，Mandelbrot 的贡献在于将历史上公认的反例摆正了，使它们成为分形几何中的主角。

那么，什么是分形呢？分形理论的创始人——美国的 Mandelbrot，1982 年对分形的定义是 "A fractal is by definition a set for which the Hausdorf‐Besicoritch dimension strictly exceed the topological dimension"，即分形是一个豪斯道夫—贝西科维奇维数严格大于其拓扑维数的集合。这个定义包括一大类具有分数维的分形集，但忽略了某些维数为整数的分形集。1986 年 Mandelbrot 又给出了分形的另一个定义 "A fractal is a shape made of parts similar to the whole in some way"，即分形集具有某种自相似的特征，但仍有很多分形集没有包括其中。虽然有上述两个定义，但迄今为止对分形尚未有严密的定义，对分形给予严密的定义还为时过早。

有的学者认为，对"分形"的定义可以用生物学中对"生命"定义的同样方法处理。但从原则上说：分形是一些简单空间上，如 Rd C 上的一些"复杂"的点的集合，这种集合具有某些特殊的性质，首先它是所在空间的紧子集，并且具有下面列出的典型的几何特征[2]：

（1）分形集都具有精细的结构，即在任意小的比例尺度内包含整体。

（2）分形集是不规则的，以至于不能用传统的集合语言来描述。

（3）分形集具有某种自相似性，可能是近似的自相似或者统计的自相似。

（4）分形集的"分形维数"（以某种方式定义的）一般大于它的拓扑维数。

（5）分形集的定义常常是非常简单的，或许是递归的，它可能以变换的迭代产生。

对于各种不同的分形，有的可能同时具有上述的全部性质，有的可能只有其中的大部分性质，而有的却对某个性质有例外，但这并不影响我们把这个集合称为分形。应当指出，自然界和各门应用科学中涉及的分形绝大部分是近似的。当尺度缩小到分子的尺寸，分形性也就消失了，严格的分形只存在于理论研究之中。

分形一般分成两大类，确定性分形和随机性分形。如果算法的多次重复仍然产生同一个分形图，这种分形称之为确定性分形。确定性分形具有可重复性，即使在生成过程中可能引入了一些随机性，但最终的图形是确定的。随机分形指的是尽管产生分形的规则是确定的，但受随机因素的影响，虽然可以使每次生成过程产生的分形具有一样的复杂度，但是形态会有所不同。随机分形虽然也有一套规则，但是在生成过程中对随机性的引入，将使得最终的图形是不可预知的。即不同时间的两次操作产生的图形，可以具有相同的分维数，但形状可能不同，随机分形不具有可重复性。

3.1.2 多重分形

简单的分形维数对所研究的对象只能作一整体性的、平均性的描述与表征，无法反映不同区域、不同层次、不同局域条件形成的各种复杂的分形结构全面精细的信息，不能完全地揭示出产生相应分形结构的动力学过程，为此人们提出了多重分形的概念。

多重分形是定义在分形结构上的有无穷多个标度指数所组成的一个集合，是通过一个谱函数来描述分形结构上不同的局域条件、或在演化过程中不同层次所导致的特殊的结构行为与特征，是从系统的局部出发来研究其整体的特征，并借助统计物理学的方法来讨论特征参量的概率测度的分布规律，多重分形理论是现今分形理论研究的热点。

将所研究的对象分为 N 个小区域，设第 i 个小区域线度大小为 l_i，分形体生长界面在该小区域的生长几率为 p_i ，不同小区域的生长几率不同，可用不同标度指数 α_i 来表征，则

$$p_i = l_i^{\alpha_i} \quad i = 1, 2, 3, \cdots, N \tag{3-1}$$

若线度的大小趋于零，式（3-1）可写成：

$$\alpha = \lim_{l \to 0} \frac{\log p}{\log L} \tag{3-2}$$

式中，α 是表征分形体某区域的分形维数，称为局部分维。对式（3-2）两边各自乘 q 次方并取和得：

$$x(q) = \sum_{i=1}^{N} p_i^q = \sum_{i=1}^{N} (L_i)^{\alpha_i^q} \tag{3-3}$$

定义 q 次信息维 D_q 为：

$$D_q = \frac{1}{q-1} \lim_{l \to 0} \frac{\log X(q)}{\log L} \tag{3-4}$$

由式（3-4）可以看到，α_i 的变化可以通过 q 值的不同来反映。因此，具有不同标度指数的子集，可以通过 q 值的选择进行区分。当 $q=0$ 时得到的 D_0，就是通常意义上的分形维数（容量维数）；当 $q=1$ 时，对式（3-4）稍加变换可得

$$D_1 = \lim_{l \to 0} \frac{\sum p_i \log p_i}{\log L}$$

它就是信息维的公式。

而当 $q=2$ 时，定义的 D_2 与相关维数（关联维数）是等价的。因此广义维数 D_q 实际上包含了分形理论所涉及的全部维数。

3.2 发展历程

"分形"这个名词是由美国 IBM（International Business Machine）公司研究中心物理部研究员、哈佛大学数学系教授曼德勃罗特（Mandelbrot）1973 年首次提出的，其原意是"不规则的、分数的、支离破碎的"物体，但最早的工作可追溯到 1875 年，德国数学家维尔斯特拉斯（Weierstrass）构造了处处连续但处处不可微的函数，集合论创始人康托（Cantor）构造了有许多奇异性质的三分康托集。1895 年，意大利数学家皮亚诺（Peano）构造了填充空间的曲线。1904 年，瑞典数学家科赫（Von Koch）设计出类似雪花和岛屿边缘的一类曲线。1915 年，波兰数学家谢尔宾斯基（W. Sierpinski）设计了像地毯和海绵一样的几何图形。这些都是为解决分形与拓扑学中的问题而提出的反例，但它们正是分形几何思想的源泉。1910 年，德国数学家豪斯道夫（Hausdorf）开始了奇异集合性质与量的研究，提出分数维概念。1934 年，贝塞考维奇（A. S. Besicovitch）更深刻地提示了豪斯道夫测度的性质和奇异集的分数维，他在豪斯道夫测度及其几何的研究领

域中做出了主要贡献，从而产生了豪斯道夫—贝塞考维奇维数概念。1977 年，曼德尔布罗特出版了第一本著作《分形：形态，偶然性和维数》（Fractal：Form，Chance and Dimension），标志着分形理论的正式诞生。五年后，他出版了著名的专著《自然界的分形几何学》（The Fractal Geometry of Nature），至此，分形理论初步形成。总之，对于分形及其理论的发展大致可以分为三个阶段：

第一阶段为 1875 年至 1925 年，在此阶段，人们已提出了典型的分形对象及其相关问题，并为讨论这些问题提供了最基本的工具。

第二阶段大致为 1926 年到 1975 年，在这半个世纪里，人们实际上对分形集的性质做了深入的研究，特别是维数理论的研究已获得了丰富的成果。可以说第二阶段更为系统、深入地研究、深化了第一阶段的思想，不仅逐渐形成理论，而且将研究范围扩大到数学的许多分支中。尽管此阶段分形的研究取得了许多重要的结果，并使这一学科在理论上初见雏形，但是绝大部分从事这一领域工作的人主要局限于纯数学理论的研究，而未与其他学科发生联系；另一方面，物理、地质、天文学和工程学等学科已产生了大量与分形有关的问题，迫切需要新的思想与有利的工具来处理。

第三阶段为 1975 年至今，是分形几何在各领域的应用取得全面发展，并形成独立学科的阶段。分形几何受到各国学者的进一步重视和公认，国际学术界出现一股分形热的学术空气，纷纷对分形概念做了各种各样的研究和分析，特别是分形理论的研究，使一些原来死寂一般的老的学科方向焕发了新的生机。

3.3 分形理论的应用

分形理论自诞生以来，已广泛运用于各种领域，并取得一系列的实际成果。如河川水系分形、降水预报因子分形、地形地貌分形、城市形态和空间结构分形、道路网络系统分形、断裂力学分形、地震中的分形结构、分形图像压缩、分形资本市场等。在给排水领域特别是在水处理领域，如紊流流态、大分子混凝剂解缠、絮凝等分形模拟都取得了一定的成果。在制造系统，网络流量分析、农业与食品系统中等都有应用。

在管理领域方面的应用[3]：（1）利用分形来预测股票价格走势。（2）把分形的相似性用于知识管理领域。（3）应用于企业管理领域。德国学者瓦内克（Warnecke）教授提出了一种新的企业管理模式：分形企业管理。分形企业的每个组成部分（分形）都是独立的，能够自主决策，同时又能正确处理它们在整个企业系统中的地位和作用。每个组成部分都有自我优化、自我设计、自我创造和自我组织的自由，但都受到整个企业任务这个大环境的制约。企业适应外部环境的能力显著提高，能及时调整其结构以应付外部变化，这对处于瞬息万变的市场环境中的企业显然是十分有利的组织和管理模式。（4）用于教育管理领域。

（5）应用于城市管理领域。另外在绩效评价方面也有应用，李大勇[4]、马飞[5]等人用分形评价法对企业进行绩效评价；刘凯[6]、冯涛构建了区域可持续发展分形评价模型；武忠等构建了知识链的分形评价模型。

_____

参 考 文 献

［1］Kenneth J Falconer. 分形几何中的技巧［M］. 曾文曲，王向阳，陆夷，译. 沈阳：东北大学出版社，1999.

［2］金以文. 分形几何原理及其应用［M］. 杭州：浙江大学出版社，1998.

［3］胡援. 分形理论及其在管理领域中的应用［J］. 同济大学学报（社会科学版），2003（2）：78~82.

［4］李大勇. 企业管理绩效的分形评价［J］. 预测，1997（6）：61~63.

［5］马飞，周明霞，郑美群. 初创期高技术企业绩效评价研究［J］. 工业技术经济，2005（8）.

［6］刘凯. 区域可持续发展评价分形模型应用研究——以黄河流域九省区为例［D］. 开封：河南大学，2006.

4 客户分类理论

客户分类（Customer Segmentation）是指按照一定的标准将企业的现有客户划分为不同的客户群。客户分类是客户关系管理的核心概念之一，是实施客户关系管理重要的工具和环节。Suzanne Dormer 认为：正确的客户分类能够有效地降低成本，同时获得更强、更有利可图的市场渗透。通过客户分类，企业可以更好地识别不同客户群体对企业的价值及其需求，以此指导企业的客户关系管理，达到吸引合适客户、保持客户、建立客户忠诚的目的。

客户分类并没有统一的模式，企业往往根据自身的需要进行客户分类，研究目的不同，用于客户分类的方法也不同。总的来讲，客户分类的方法主要有四类：基于客户统计学特征的客户分类；基于客户行为的客户分类；基于客户生命周期的客户分类；基于客户价值相关指标的客户分类。基于客户统计学特征（年龄、性别、收入、职业、地区等）的客户分类方法已为人家所熟悉，该方法虽然简单易行，但缺乏有效性，难以反映客户需求、客户价值和客户关系阶段，难以指导企业如何去吸引客户、保持客户，难以适应客户关系管理的需要，所以本章主要探讨其他三类方法。

4.1 客户价值内涵

4.1.1 客户让渡价值理论

世界著名的市场营销学权威菲利普·科特勒（Kotler）博士在他的著作《营销管理》（1995 年第八版）中首次提出了有关客户让渡价值的概念（这一方面也标志了客户价值时代的来临）。他认为客户让渡价值（Customer Delivered Value）是指总客户价值与总客户成本之差。总客户价值（Total Customer Value）是指客户期望从某一特定产品或服务中获得的一组利益，它包括产品价值、服务价值、人员价值和形象价值等。而总客户成本（Total Customer Cost）是指客户在评估、获得和使用该产品或服务时所引起的预计费用，它包括货币成本、时间成本、精力成本、体力成本等。

科特勒的客户让渡价值构成可由图 4-1 表示。

（1）产品价值是指客户购买产品或服务时，可得到的由产品功能、品质、品种、式样、特性、可靠性、耐用性等所产生的价值，它是客户需求的中心内

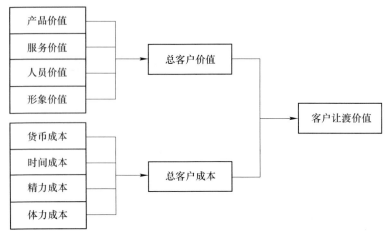

图 4-1 客户让渡价值模型

容，也是客户选购产品的首要因素，因而在一般情况下，它是决定客户总价值大小的最主要和关键因素。

（2）服务价值是指伴随产品实体的出售，向客户提供的各种附加服务，包括产品介绍、送货、安装、调试、维修、技术培训、产品保证等所产生的价值。服务价值是构成客户总价值的主要因素之一。

（3）人员价值是指企业员工的经营思想、知识水平、业务能力、工作效率、工作质量、应变能力等所产生的重要价值。企业员工直接决定着企业为客户提供的产品与服务的质量，决定着客户总价值的大小。

（4）形象价值是指企业及其产品在社会公众中形成的总体形象所产生的价值。包括企业的产品、技术、质量、包装、商标、工作场所等所构成的视觉形象所产生的价值，企业及其员工的职业道德行为、经营行为、服务态度、作风等行为、形象所产生的价值，以及企业的价值观念、管理哲学等理念形象所产生的价值等。形象价值与产品价值、服务价值、人员价值密切相关，在很大程度上是上述三个方面价值综合作用的反映和结果。形象对于企业来说是宝贵的无形资产，良好的形象会对企业及其产品产生巨大的支持作用，赋予产品较高的价值，从而带给客户精神上和心理上的满足感、信任感，使客户的需求获得更高层次和更大限度的满足，从而增加客户总价值。

（5）货币成本是客户购买产品或服务时所支付的货币总量。一般情况下，客户购买产品或服务时首先要考虑货币成本的大小，因此，货币成本是构成客户总成本大小的主要的和基本的因素。

（6）时间成本是客户购买所期望的产品或服务而必须处于等待状态的时间代价。在客户总价值与其他成本一定的情况下，时间成本越低，客户购买的总成本越小，从而客户让渡价值越大。如以服务企业为例，客户在购买餐馆、旅馆、银行、医院等服务行业所提供的服务时，常常需要等候一段时间才能进入到正式购买或消费阶段，特别是在营业高峰期更是如此。在服务质量相同的情况下，客户等候购买该项服务的时间越长，所花费的时间成本越大，购买的总成本就会越大，从而客户让渡价值越小，越容易引起客户对企业的不满意感，从而中途放弃购买的可能性也会增大，反之亦然。因此，努力提高工作效率，在保证产品与服务质量的前提下，尽可能减少客户的时间支出，降低客户的时间成本，从而增加客户让渡价值。

（7）精力成本、体力成本是指客户购买产品或服务时，在精神、体力方面的耗费和支出。由于客户购买产品的过程是一个从产生需求、寻找信息、判断选择、决定购买、实施购买以及购后感受的全过程。在购买过程的各个阶段均需付出一定的精力和体力。如客户搜索信息、学习产品使用和保养、联络企业服务人员等所付出的担心与体力。在客户总价值和其他成本一定的条件下，精神与体力成本越小，客户为购买产品或服务所支付的客户总成本就越低，从而客户让渡价值就越大。

在通常情况下，客户在选购产品时，往往从客户总价值与客户总成本两方面进行比较分析，从中选择价值最高、成本最低，即客户让渡价值最大的产品作为优先选购的对象。为此，一方面，企业应通过改进产品、服务、人员及形象，提高客户总价值；另一方面，企业要通过降低生产成本，减少客户购买的时间、精神及体力的耗费，从而降低客户总成本[1]。

4.1.2 客户生命周期价值理论

4.1.2.1 生命周期理论的基本观点及推广

生命周期是一个普遍现象，被广泛应用于解释一个主体从开始到结束的发展过程。一个生命周期通常包含诞生、成长、成熟、衰退和死亡等阶段。生命周期理论在管理中的应用并不少见，如组织生命周期、产品生命周期、风险投资生命周期等。

在生命周期模式中，主体发展的一个典型过程具有如下特点[2]：单向有序性（阶段的发展只有一个序列）、累进性（后续阶段继承前期阶段的特点）、关联性（各阶段之间互相关联，因为它们共同遵循一个内在的基本进程）。一般而言，生命周期理论包括如下几个基本观点：

（1）一个主体的发展过程是分阶段的，同时各个阶段的发展遵循一定的顺序，前期阶段是后续阶段的必要基础。

（2）一个主体的发展由其内在规律决定，按照规定的顺序发生。

（3）对于一定的事件序列，一个主体的发展轨迹是可以预知的，即主体的发展是可以控制的，控制的手段是按照主体发展的内在规律设计和实施事件（动作）序列。因此对于期望的发展轨迹，可以根据主体发展的规律通过规定相应的动作序列实现。

毫无疑问，生命周期理论的基本观点同样适用于客户生命周期问题的研究。客户生命周期是客户关系生命周期的简称，客户关系生命周期是指从企业与客户建立业务关系到终止的全过程，是客户关系水平随时间变化的发展轨迹，它描述了客户关系从一个阶段向另一阶段运动的总体特征[3]。

客户关系具有生命周期可看作产品等生命周期的一个直接逻辑推理。客户关系具有明显周期特征早已被一些学者提出，并且随着对客户关系动态特征重要性认识的不断增强，客户生命周期的研究和应用已经开始引起越来越多学者的兴趣。客户生命周期理论是从动态角度研究客户关系的一个十分有用的工具，在生命周期框架下研究客户关系问题，可以清晰地洞察客户关系的动态特征，即客户关系的发展是分阶段的，不同阶段客户的行为特征和为企业创造的价值不同。

因而，应用生命周期理论的基本观点，考察作为发展主体的客户关系，可以证明客户关系是分阶段发展的动态变化过程，并且存在一个内在驱动力（如客户价值）驱动客户关系从一个阶段向另一个阶段运动，通过控制各个阶段的驱动力的大小和方向，分阶段设计并实施有效的客户关系管理方案，从而使客户关系沿着企业期望的有利于实现客户生命周期价值最大化的轨迹发展。

4.1.2.2 生命周期框架下的客户关系类型

关系是人与人或人与事物之间的某种性质的联系，关系的存在、发生、发展和终止是由人类活动产生的客观存在。在企业经营活动中，根据企业与客户之间买卖关系持续的时间长度，可将客户关系分成短期关系和长期关系两种类型。

（1）短期关系。短期关系对应一次独立的交易事件。整个交易事件有一个明显的开始，持续时间很短，结束很快。短期交易排除了一切关系元素，交易时没有联系以往的交易史，也没有考虑以后的再交易。其特点是沟通有限、交易范围窄，关注一次性业务或获取新客户，而不是建立长期的客户关系[4,5]。

（2）长期关系。长期关系对应一个持续的交易过程。每次交易可以看作是交易历史的一个事件，交易双方沟通充分，相互信任，有一定的合作基础[4]。其强调维持长期客户关系，关注如何保留客户，通过为客户提供长期价值，促进客户满意与忠诚。

显然，基于 CRM 中生命周期框架所研究的客户关系属于长期关系。长期关系能给双方带来明显的利益，除降低不确定性、降低交易成本、提高交易效率等共同的利益外，客户可从企业获得促销和降价许可以及个性化产品、服务和信息等，企业由于更了解客户的需求，从而可以通过提供独特的产品、服务和信息等建立客户忠诚，进而赢得竞争优势。因此，受利益的驱动买卖双方都有建立长期稳定关系的动机，期望通过合作博弈建立一种双赢的基础。由此可以看出，在客户关系管理中，企业更注重的是留住现有客户并与有价值的客户建立良好的长期稳定的客户关系[5]。

4.1.2.3 客户生命周期的阶段划分及特征

关于如何与客户建立持久关系，不同的研究人员从不同角度进行了大量的研究，但最能说明本质的是如何对企业客户关系的生命周期特征做出界定。现有研究划分了客户关系生命周期的阶段、描述了各阶段的特征，并且这些成果被越来越多的学者应用[3,5]。一般情况下，客户关系的周期划分为开拓期、形成期、稳定期和衰退期四个阶段，各阶段特征的简要描述如下：

（1）开拓期，关系的探索和试验阶段。在这一阶段双方考察和测试彼此目标的相容性、对方的诚意以及对方的绩效等，考虑如果建立长期关系，双方潜在的职责、权利和义务如何。双方相互了解不足、具有高不确定性是开拓期的基本特征，评估对方的潜在价值和降低不确定性是这一阶段的中心目标。在这个阶段里，客户只是对企业提供的产品或服务感兴趣，收集与之有关的信息和资料，对相关情况进行了解和调查，并对企业进行的营销活动做出反应。

（2）形成期，关系的快速发展阶段。双方关系能进入这一阶段，表明在开拓期双方相互满意，并建立了一定的相互信任和相互依赖。在这一阶段，那些对企业产品或服务感兴趣的潜在客户对产品做出了购买决策，通过重复购买扩大了使用企业产品或服务的范围，客户关系的密切程度进一步增强，客户利益也得到实现。双方从关系中获得的回报日趋增多，相互依赖的范围和深度也日益增加，逐渐认识到对方有能力提供令自己满意的价值和履行其在关系中担负的职责，因此愿意承诺一种长期关系。在这一阶段，随着双方了解和信任的不断加深，关系日趋成熟，双方的风险承受意愿增加，由此双方交易不断增加。

（3）稳定期，关系发展的最高阶段。在这一阶段双方或含蓄或明确地对持续长期关系做出了表示。该阶段有如下明显特征：双方对对方提供的价值高度满意；为能长期维持稳定的关系，双方都做了大量有形和无形投入；高水平的资源交换，如大量的交易。因此，在这一时期双方的交互依赖水平达到整个关系发展过程中的最高点，双方关系处于一种相对稳定的状态。

（4）衰退期，关系发展过程中关系水平逆转的阶段。关系的退化并不总是发生在稳定期之后的第四阶段，实际上在任何一个阶段关系都可能退化，有些关系可能永远越不过开拓期（早期流产型），有些关系可能在形成期退化（中途夭折型），有些关系则越过开拓期、形成期而进入稳定期，并在稳定期维持较长时间后退化（长期保持型）。引起关系退化的原因很多，如一方或双方经历了一些不满意、发现了更适合的关系伙伴、需求变化等。衰退期的主要特征有交易量下降、一方或双方正在考虑结束关系甚至物色候选关系伙伴等。

根据以上对客户生命周期各阶段的描述可以看出，开拓期是客户关系的孕育期，形成期是客户关系的快速发展期，两者都属于关系的发展阶段；稳定期是客户关系的成熟阶段；衰退期是客户关系水平发生逆转的阶段。开拓期、形成期和稳定期的客户关系水平依次增高，稳定期是企业期望达到的理想阶段。但客户关系的发展具有不可跳跃性，客户关系必须越过开拓期和形成期才能进入稳定期。所以客户保持的一般原则即尽量缩短开拓期和形成期，使客户关系尽快进入稳定期，最大限度地延长稳定期的长度。需要注意的是，关系衰退有可能发生在开拓期、形成期、稳定期三个阶段中的任一时点，而维持在稳定期较长时间后的关系衰退，即长期保持型是企业期望实现的一种理想的客户生命周期模式，这种模式下可以使企业获得更多的客户价值。

4.2　基于客户行为的客户分类

Frederick F. Reichheld 认为要了解客户是否会在公司购买更多的产品和服务，真正重要的是要看客户的行为，如购买频率、购买金额等，而不是客户的满意度。依据客户行为属性进行客户分类为很多公司所采用，特别是依据购买金额进行客户分类的，非常普遍，如电信公司依据客户的话费把客户分为白金客户、黄金客户、青铜客户、铁质客户等。在依据客户行为特征进行客户分类的方法中，比较被广泛使用的是 RFM 模型。

4.2.1　RFM 模型

RFM 模型最早出现在数据库营销中，其中最典型的就是 Jim Sellers 和 Arthur Hughes 提出的 RFM 客户分类方法[10]。R（Recency）是指上次购买至今的日期，该时期越短，则 R 越大。研究发现，R 越大的客户越有可能与企业达成新的交易。F（Frequency）指在某一期间内购买的次数。交易次数越多的客户越有可能与企业达成新的交易。M（Monetary）指在某一期间内购买的金额。M 越大，越有可能再次响应企业的产品与服务。RFM 模型把这 3 个变量综合起来考虑，根据 3 个不同的输入变量分别对客户排序，客户排序后，一般会分为 5 等份。在 5 等份顶端的客户分数为 5，下一级的客户为 4，依此类推。按照这种方式，每位客户都被定位在一个三维空间里，从（1，1，1）到（5，5，5），合计有 125 个客户样（见图 4-2）。

凡是落在 RFM 同一单位方块里的客户，就作为同样的一类，同等对待。在计算了所有客户的 R×F×M 后，把计算结果从大到小排序。前面的 20% 是最好的客户，企业应该尽力保持他们；后面的 20% 是企业应该避免的客户；企业还应该大力投资中间的 60% 的客户，使他们向前面的 20% 迁移。

RFM 模型是一种有效的客户分类方法。在企业开展促销活动后，重新计算每个客户的 RFM，对比促销前后的 RFM 值，可以看出不同客户样对促销活动的

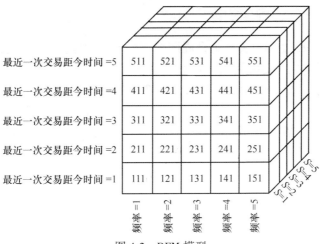

图 4-2 RFM 模型

（资料来源：《数据挖掘：客户关系管理的科学与技术》中国财政经济出版社，2003.8）

反应，识别更有利可图的客户样，为企业开展更有效的营销提供可靠依据。

RFM 模型是数据库营销中广泛采用的客户分类方法。其缺点是分析过程烦琐，细分后的客户群过多，难以对每个细分客户群采取不同的营销策略；另一个缺点是购买次数与同期总购买额这两个变量存在多重共线性。如一个客户每多一次购买，其总购买额也相应增加。

4.2.2 修正的 RFM 模型

为避免 RFM 模型的缺点，Marcus 对传统的 RFM 模型进行修正（见图 4-3），用平均购买额代替总购买额，然后用购买次数与平均购买额构造了简化的客户价值矩阵。

对于图中最好的客户，企业要保持他们，他们是企业利润的基础；对于乐于消费型客户、经常性客户，他们是企业发展壮大的保证，企业应该想办法提高乐于消费型客户的购买频率，通过交叉销售和增量购买，提高经常型客户的平均购买额。对于不确定

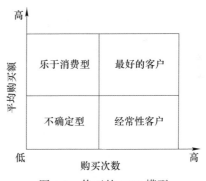

图 4-3 修正的 RFM 模型

型客户，企业需要慎重识别客户的差别，找出有价值的客户，使其向另外三类客户转化，而对于无价值客户不必投入资源进行维护[10]。

依据客户行为进行客户分类能够从客户行为上反映不同类客户在购买频率、购买量、最近购买日期的不同，但是它难以反映客户在认知维度上的认知状态，如客户的满意度、忠诚度等，公司还得结合客户的认知状态全面评估客户。

4.3 基于客户生命周期的客户分类

客户生命周期（客户关系生命周期），是指客户关系水平随时间变化的发展轨迹，它描述了客户关系从一种状态（一个阶段）向另一种状态（另一阶段）运动的总体特征。客户生命周期的长短对客户价值具有直接的影响，客户生命周期越长，客户价值越高。由于客户和企业的关系是随时间不断地发展变化的，处于不同关系阶段的客户有不同的特征和需求，所以，客户生命周期管理是客户关系管理的重要内容，依据客户生命周期进行客户分类也就成为一种重要的细分方法。依据客户生命周期细分客户的主要有以下几种方法。

4.3.1 忠诚度阶梯分类法

Martin Christopher，Adrian Payne 和 David Ballantyne 在《Relationship Marketing》提出一个反映客户忠诚的关系营销梯级表[8]，如图4-4所示。

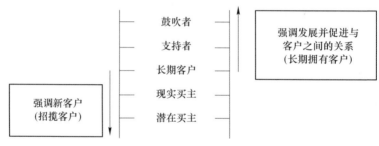

图4-4 客户忠诚梯级表

从该图中，我们可以看出来，依据客户所处的客户生命周期的不同阶段把客户分为潜在客户、现实买主、长期客户、支持者和鼓吹者，企业的客户策略就是要把潜在客户逐步变成公司及其产品的热忱拥护者。客户在阶梯的不同层次，其需求必然不同，按照该梯级表，企业就能够有针对性地为不同梯级的客户提供不同的产品和服务，促使客户成为忠诚客户。

需要说明的是，该方法虽然称为忠诚度阶梯分类法，实质上它表明了客户关系水平随时间变化的发展轨迹，表示客户关系从一个阶段向另一个阶段发展，即从潜在客户转变为现实客户，最后成为企业的鼓吹者。客户生命周期越长，客户的忠诚度越高。所以，我们把该方法归类为基于客户生命周期的客户分类。

4.3.2 依据客户关系的不同阶段进行客户分类

客户生命周期理论是客户关系管理的重要工具，关注客户所处的阶段是客户关系管理的重要内容之一。依据客户所处的生命周期阶段对客户进行细分能够使企业针对客户所处阶段进行有针对性的营销活动，促使客户向稳定期发展，或者延长稳定期。不过，该方法难以识别相同生命周期阶段的客户差异。同是形成期的客户，客户价值存在差异，无法识别。如果平均用力，将难以避开不良客户。所以，还需结合有关客户属性评估客户价值。作为一种改进方法，黄亦潇等人提出以客户生命周期、客户发展潜力两维指标进行细分的模型[9]；胡少东提出采用客户生命周期和客户价值的两维细分模型[11]，如图4-5所示。

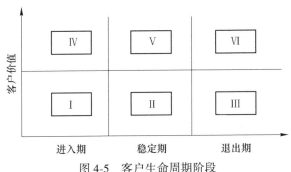

图 4-5 客户生命周期阶段

该模型将客户生命周期分为三个阶段，这样将客户大致分为六个客户群，比较易于管理。由于增加了客户价值维度，对于相同客户关系阶段的客户就能识别其不同价值，企业就能根据客户所处阶段和价值采用相应的客户策略。Ⅱ、Ⅳ、Ⅴ类客户是企业现在利润和未来利润的来源，要加以保持和发展；Ⅰ、Ⅲ、Ⅵ类客户对企业利润来说，影响不大，但需要分析客户退出的原因，如果是因为企业不能为客户提供相应价值而导致客户离开的话，则企业需要改进自身的产品和服务，以挽留较高价值的客户。

4.4 基于客户价值的客户分类

客户价值是指企业与客户维持关系的全过程中，企业从客户那里获得的利润的总现值。客户价值由两部分组成，一是直接客户价值，指客户购买企业的产品和服务为企业带来的价值；二是间接客户价值，指由于客户关系的发展而使得交易成本降低、效率提高和口碑效应所带来的价值。间接客户价值在计量上存在很大困难，如何预测客户价值是一个至今没有解决的问题，客户价值的预测只能是一个大概的估计值，难以精确。不过，用预测的客户价值衡量不同客户对企业价值的相对差异，正被学术界和企业界逐步接受，现在已有很多企业这样做，如凌志公司、美国航空公司等。客户价值细分理论已获得学术界、企业界的认可。

基于客户价值的客户分类主要有以下几种方法[12]。

4.4.1 定量分类方法研究

当客户管理中心已掌握或能够拥有客户价值指标有关数据时，可通过数据处理模块对数据进行处理，从而区分出不同类型的客户。

    A   客户成本贡献率分类法

    成本贡献率也称客户投资收益率，是企业与客户年交易中所获取的利润与客户年分摊营销成本之比值。公式为：

$$CV = CP/CC \qquad\qquad (4-1)$$

式中，CP 为企业与客户年交易中所取得的收益与所发生的经营成本差额，即净收益；CC 为企业与客户年交易中所发生的经营成本；CV 为客户成本贡献率。

    将所取得的 CP 值与企业的平均销售利润率 m 进行比较，根据其取值范围即可区分出客户类型，见表4-1。

表 4-1   客户类型划分

指 标	计 算 公 式	取值范围	客户类型
n	$n = \dfrac{CP - m}{m} \times 100\%$	$n \geqslant 50\%$	黄金客户
		$50\% > n \geqslant 20\%$	白银客户
		$20\% > n \geqslant -10\%$	普通客户
		$n < -10\%$	淘汰客户

    运用成本贡献率法可以直观地反映企业与某一客户交易中获利水平的高低，即客户利润贡献率情况，但它只是体现了客户在某一时点上的价值，没能够反映客户的潜在价值，以及企业与该客户合作中的经营风险。客户生命周期是影响客户价值的重要因素之一，这里被忽略。

    B   客户投资净现值法

    该分类方法是从客户投资所得净收益的角度来开展客户分类的数学方法，其公式为：

$$NPV = \sum_{t=1}^{T} \frac{MQ_t - X}{(1 + i)^t} - C \qquad\qquad (4-2)$$

式中，M 为单位产品的销售毛利；Q_t 为第 t 年客户的销售量；X 为客户每年的维护成本；C 为客户的期初开发成本；T 为客户的寿命周期。

    在这里将企业与客户发生的有关经济数据输入，即可计算出客户价值的高低。这种分类方法考虑了资金的时间价值和企业的经营风险，有关经济数据都是企业营销活动的基础数据，便于操作实施。但其受客户规模因素影响的程度较高，不能准确反映出企业资金的运营能力，一些明星型的尖端客户会被忽略，导致企业实际利益受损，属于保守型的分类方法。

    对该分类方法进行补充的措施之一，就是用净现值去除以由该客户分摊的经营成本，得到净现值指数，即 $\eta PV = NPV/C$，它能够更加客观地反映客户贡献率的大小。

C 客户投资回收期法

这是一种从经营风险的角度来衡量客户类型的分类方法。不管是企业还是客户都处在一个变化极快、风险极高的市场中，今天的鼎盛企业明天就可能跌入低谷，能够保持长盛不衰的只是凤毛麟角。作为企业自身而言，总是努力定位于一个极具发展潜力的市场，而避免栖身于一个前景暗淡的行业中，所以也在不断地调整自己的经营方向。随着企业或客户的衰退、消失或转型，原有的客户价值自然不存在。所以企业在进行客户投资和区分客户类型的时候，必须考虑到客户的寿命周期，考虑到尽快回收投资。其计算公式为：

$$\sum_{t=1}^{T} \frac{CP_t - CI_t}{(1+i)^t} - C = 0 \qquad (4\text{-}3)$$

式中，CP_t 为每年客户为企业带来的纯收益；CI_t 为每年企业投资客户的投资成本；T 为客户投资回收期；C 为期初客户开发成本。

相对而言，投资回收期越短，对企业越有利。在产品市场需求变化较快、产品寿命周期较短或客户寿命周期较短的情况下，客户投资回收期分类法可以帮助企业有效地规避投资风险。但利用此分类方法会产生短视效应，导致企业与客户的关系只停留在交易型关系上，难以向忠诚客户转化，对企业长期发展将产生不利影响。

4.4.2 定性分类方法研究

当企业所拥有的客户价值指标体系比较抽象、直观，无法或无需量化处理时，可运用此分类方法。从西方公司的现实运作来看，该类方法具有时间短、成本低、形象化的优势，也更加具有实际操作意义。

4.4.2.1 ABC 分类法

ABC 分类法是一种最常用、最简洁的方法，其原理根据企业利润额构成区分客户，如图 4-6 所示。

我们按照企业利润额来源大小对客户进行排序后发现，企业 80% 以上的利润来源于 20% 的客户，70% 的客户只提供了不足 20% 的利润，另有 10% 的客户不仅不会为企业带来任何利益，甚至会削弱企业的赢利水平。这种情况可以运用帕雷托曲线描述见图 4-6 所示。

图 4-6 中根据企业利润额的构成情况，客户被直观地分为 A、B、C 三类，他们对于企业而言客户价值相差甚远。客户管理的要点就是优先发展 A 类客户，保持或缩减 B 类客户，抛弃 C 类客户。

运用 ABC 分类法的缺陷就是只考虑客户给企业带来的利润总额，而没有区分本企业经营中不同客户所带来的资金利润率高低，以及客户的成长情况，导致一些规模较大而实际内在价值并不高的企业被列入 A 类，享受到优质服务，而一些起步晚、成长较快的明星型企业被忽视或抛弃。

4.4.2.2 因素组合分类法

影响到企业赢利能力的因素有多种，有些来自于企业内部，有些来自客户方，因素组合客户分类方法就是根据相关因素组合结果来区分客户类型。

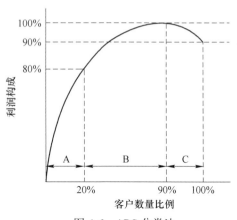

图 4-6 ABC 分类法

（1）根据客户对企业产品的需求情况分类。通过此类标准将客户分为五类（见表4-2），客户管理的重点是培养和发展黄金客户及白银客户，有选择地发展普通客户和危险客户，抛弃淘汰客户。在利用企业产品盈利情况及其所服务的客户群进行分类时，要慎重对待无利润产品的客户群。这些客户虽不能为企业提供利润，但其稳定购买却可以使企业经营保持在盈亏平衡点之上，分摊了企业大量固定费用，保持了企业生产的稳定，是值得企业保持并发展的一类客户。另外企业选择与一些大客户的无利润甚至亏本合作，可以提高企业的知名度和形象，间接地提高企业的竞争能力和盈利能力。

表 4-2 产品需求客户分类

项　目	A 客户群	B 客户群	C 客户群	D 客户群	E 客户群
高盈利产品	√	√			
盈利产品	√	√	√	√	
无利润产品	√	√	√		√
亏损产品		√	√	√	√
客户分类	黄金客户	白银客户	普通客户	危险客户	淘汰客户

（2）根据企业产品发展前景与客户的市场成长性进行分类。

如图 4-7 所示，Ⅰ类客户市场成长性较差，而本企业的相对应产品发展前景又不好，属于瘦狗型客户。这类客户很难有机会为企业带来实际收益，应该果断地将之淘汰。

Ⅱ类客户市场成长性很高，而本企业相对应的产品发展前景不太好，属于危险型客户。因为这类客户的市场成长性高，当供应商很难满足其发展时，它就会抛弃供应商，转而寻找更适宜其发展的合作伙伴，这类客户的忠诚度很低、而其讨价还价的能力又很强，企业难以从其身上取得较好的收益，有时它们釜底抽薪

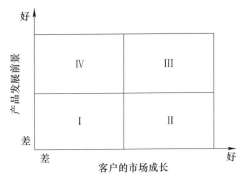

图 4-7 产品前景与客户成长性客户分类

的行为将会使企业陷入被动，企业应该谨慎地选择和发展。

Ⅲ类客户市场成长性很高，本企业相对应的产品发展前景也很广阔，属于明星型客户。这类客户不管在现阶段还是在未来，都是企业利润的主要来源，企业应加强与之合作，努力建立双赢的合作伙伴关系，培育其忠诚度。

Ⅳ类客户的市场成长性较低、但企业相对应的产品发展前景却很好，属于成熟型或衰老型客户。它会为企业带来一定的收益，收益呈水平或递减趋势，建立客户关系时应考虑减少投入，维持原有关系，或向交易型服务关系转变。

（3）根据客户规模和信用等级进行分类。

如图 4-8 所示，根据这两类因素的不同组合，客户被分为四类。

Ⅰ类客户属于低信用等级—小规模的客户。这类客户开发成本很高，不仅需要大量的人力、物力、财力，而且需要耗费相当长的时间，而其自身价值却很低，开发后没有获利保障，是不值得开发或维护的一类客户。

Ⅱ类客户属于低信用等级—大规模的客户。这类客户属于危险客户，

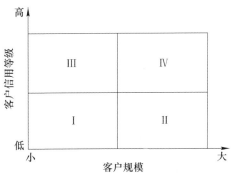

图 4-8 客户规模与信用等级客户分类

平均开发成本较低，但后期维护成本很高，如果有效地开发，会给企业带来较大的收益，也能为公司的业务取得较好地示范和推广效果。因其信用等级较差，又会给企业带来较大的经营风险，是值得企业谨慎考虑和认真培育的一类客户。

Ⅲ类客户属于高信用等级—小规模的客户。这类客户开发成本较高，后期维护费用也较高，但开发成功后会给企业带来较好的稳定收益，是企业在产品投入期和成长期必不可少的一类客户，对企业推行渗透型营销策略也大有帮助。

Ⅳ类客户属于高信用等级—大规模的客户。这是公司发展的主攻方向，如果有效地开发该类客户，将获得规模优势、辐射作用、节省资源、提高信用度等效应，会增加企业"黄金客户"的数量，也会给企业带来更多的收益。对于这类客户，培养他们的忠诚度是公司的首要任务。

（4）根据客户当前价值和潜在价值进行分类。该细分理论[13]选择了"客户

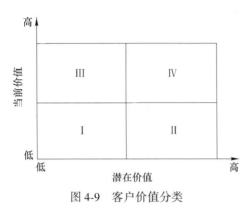

图 4-9 客户价值分类

当前价值"和"客户增值价值"两个维度指标，每个维度分成高低两档，由此可将客户群分为四组，结果如图 4-9 所示。

客户当前价值是假定客户现行购买行为模式保持不变时，客户未来可望为企业创造的利润总和的现值。客户增值潜力是假定通过采用合适的客户保持策略，使客户购买行为模式向着有利于增大企业利润的方面发展时，客户未来可望为企业增加的利润总和的现值。

客户特征及客户策略见表 4-3。

表 4-3 客户特征及客户策略

客户类型	客户对公司的价值	资源配置策略	客户保护策略
I	低当前价值，低潜在价值	不投入	关系解除
II	低当前价值，高潜在价值	适当投入	关系再造
III	高当前价值，低潜在价值	重点投入	高水平关系保持
IV	高当前价值，高潜在价值	重中之重投入	不遗余力保持、发展客户关系

4.5 客户忠诚度

4.5.1 客户忠诚度概念

从 20 世纪 70 年代末起，客户满意感始终是企业管理理论研究的一个热点问题，但随着客户满意实践的深入，国内外许多学者开始对客户满意研究提出质疑。据美国贝恩公司的一项调查显示，在声称对公司产品满意甚至十分满意的客户中，有 65% 到 85% 的人会转向其他产品[14,15]。美国学者吉特曼（Jeffrey Gito-mer）指出：对企业来说，客户满意感是没有价值的，而客户忠诚感却是无价的[16]。1996 年，美国著名营销学者雷奇汉（Frederick F. Reichheld）指出，满意的客户也可能"跳槽"，改购其他企业的产品和服务。他认为企业应跳出"客户满意感陷阱"，尽力培育客户的忠诚感。雷奇汉利用美国贝恩公司的数据，分析客户忠诚感对企业经济收益的影响。他发现：服务性企业能够从忠诚的客户那里获得最高的利润[17]。忠诚者会长期、大量的购买企业的服务，愿意为企业的优质服务支付较高的价格，进而给企业带来更多的经济收益。客户不断变化的企业往往需要花费大量的营销费用，劝说新客户购买自己的服务。有大批忠诚客户的企业通常可以节省营销费用和启动性服务费用。此外，忠诚客户的口头宣传可为企业吸引大批新客户，极大地降低企业的广告费用。因此，雷奇汉指出，培育客户的忠诚感应该是服务性企业经营管理工作的目标。

正是由于"客户满意感陷阱"的存在，促使企业管理理论工作者和实践工作者转而关注起"客户忠诚"，并积极培育忠诚的客户和长期稳定的客户关系。

在 20 世纪 90 年代初，美国贝恩管理咨询公司合伙人 Frederick F. Reichheld 和哈佛大学商学院教授 W. Earl Sasser Jr. 首先指出，要增强竞争实力，提高经济收益，企业必须培育客户忠诚[17]。早先进行的客户忠诚研究主要是从行为的视角进行的。它通过对客户购买比例、购买顺序和购买可能性等行为进行大量的测评来解释重复购买行为模式，以此作为忠诚的表现。随后 Alan S. Dick 和 Kunal Basu 用态度取向（Relative Attitude）的概念对行为研究予以补充，认为当重复购买行为伴随着较高的态度取向时才产生真正的客户忠诚[18]。

目前，对于何谓客户忠诚或客户忠诚的界定问题，不同学者对此做出了不同的阐释。Tucker 把客户忠诚定义为"连续三次以上重复购买"。Hallowell 则把客户忠诚看成是"对产品、服务、品牌或组织的一种特别偏爱的情感"。Gremler 和 Brown 认为，在服务业客户忠诚是"一个客户对特定的服务商重复购买行为的程度和对其所怀有的积极的态度倾向，以及在对该项服务的需求增加时将该服务商作为唯一对象的选择倾向"[19]。Richard L. Oliver 则将客户忠诚定义为"高度承诺在未来一贯地重复购买偏好的产品或服务，并因此产生对同一品牌系列产品或服务的重复购买行为，而且不会因为市场态势的变化和竞争性产品营销努力的吸引而产生转移行为"[20]。

除此之外，一些国内学者也对客户忠诚也提出了独到的见解。如国内学者管政对此做出的定义是："客户忠诚是从客户满意概念中引申出的概念，是指客户满意后产生的对某种产品、品牌或公司的信赖、维护和希望重复购买的一种心理倾向。客户忠诚表现为两种形式，一种是客户忠诚于企业的意愿，一种是客户忠诚于企业的行为"[21]。

4.5.2 客户忠诚度维度结构

尽管 Alan S. Dick 和 Kunal Basu 等美国学者早在 1994 年就指出客户忠诚是一个复杂的多维概念，客户忠诚度的表现包括心理、行为等多方面因素，但国内外学者在客户忠诚维度结构的认识上仍存在分歧。综合现有研究，主要存在以下三种观点：

（1）客户忠诚行为论。常见的客户忠诚通常被定义为重复购买同一品牌或产品的行为，持此观点的主要为企业界人士[22]。许多企业界人士主要根据客户的购买行为计量客户忠诚感，相关客户行为包括客户与企业关系的持久性、客户的购买方式、购买频率、客户钱包占有率、客户的口头宣传等，这样可了解客户的实际购买行为，以及企业目前可从客户那里获得多少经济收益。

（2）客户忠诚意愿论。欧美许多以客户满意研究为生计的市场研究公司则倡导"客户忠诚"是某个企业的客户愿意继续购买该企业产品或服务的意愿、态度和倾向[22]。狄克和巴苏（1994）指出，企业不仅应计量客户的实际购买行为，而且应计量客户对企业的态度，忠诚的客户不仅反复购买某个企业的产品和服务，而且真正喜欢该企业。巴诺斯（1997）发现，真正忠诚的客户能够感受到他们与企业之间的情感联系，而这种情感联系正是客户保持忠诚度，继续购买企业的产品和服务，并向他人大力推荐企业的产品和服务的真正原因[23]。与企业缺乏情感联系的客户，不是企业真正的忠诚者。正是这种情感因素促使客户从习惯性地购买企业的产品和服务逐渐发展为与企业建立长期的关系。企业可从客户对企业的喜爱程度以及客户对双方关系的投入程度等方面，衡量客户对企业的态度忠诚度。但是由于使用此种忠诚度计量方法，需要投入大量的调研精力，研究客户心理，并且调研结果大多只可定性很难定量，因此实际操作难度较大。

（3）客户忠诚综合论。大多数学院派学者更倾向于从客户整体的心理—行为特征来认识客户忠诚。代表性观点有二元成分说和四元成分说。

美国著名学者德因（1969）首先提出，企业应综合考虑客户忠诚感的行为成分和态度成分[18]。他指出，客户对企业的态度、或客户在该企业的购买行为只能是解释客户忠诚感的一个组成成分，企业综合分析客户的购买行为和客户对企业的态度，才能更准确地衡量客户的忠诚程度。真正忠诚的客户不仅会反复购买企业的产品和服务，而且还真正喜欢企业的产品和服务。

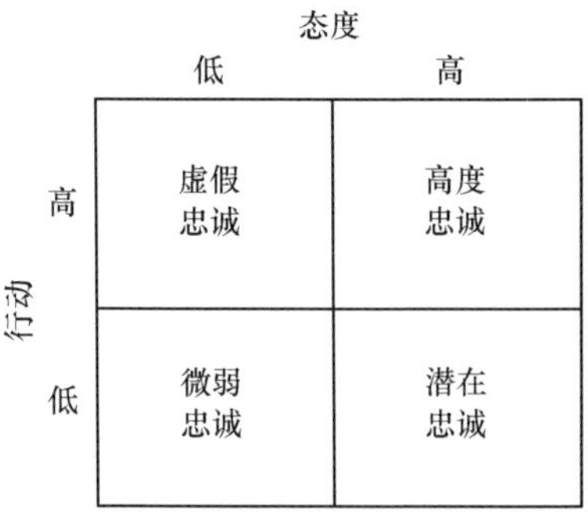

S. J. Backman 和 J. L. Crompton[24] 把客户的行为忠诚与态度忠诚合起来成客户忠诚的最终表现，比较好地进行了忠诚度的定性分类，后来的客户忠诚度的许多研究也在此基础上展开。

该理论将客户的忠诚度可表示成一个四象限图，如图4-10所示。

Baloglu Cornell[25] 在此基础上做了进一步的工作，丰富了忠诚的维度，并用 SPSS 进行了一些数学上的分析。后来更多的人对客户忠诚度与市场的关系进行了分析，并对如何提高客户忠诚提出了各自的建议。

	态度	
	低	高
高	虚假忠诚	高度忠诚
低	微弱忠诚	潜在忠诚

图4-10 客户忠诚度分类

参 考 文 献

[1] 白长虹. 客户价值论 [M]. 北京：机械工业出版社，2002.

[2] Van De Ven, Andrew H Poole, Marshall Scott. Explaining Development and Changes in Organizations [J]. Academy of Management Review, 1995 (20)：510~540.

[3] 陈明亮. 客户生命周期模式研究 [J]. 浙江大学学报（人文社会科学版），2002 (6)：66~72.

[4] Morgan, Robert M, Shelly Hunt. The Commitment-trust Theory of Relationship Marketing [J]. Journal of Marketing, 1994 (58)：20~38.

[5] 连新田. 浅谈生命周期与客户关系生命周期 [J]. 经济师，2002 (4)：231~232.

[6] Jap Sandy D, Ganesan, Shankar. Control Mechanisms and the Relationship Life Cycle：Implications for Safeguarding Specific Investments and Developing Commitment [J]. Journal of Marketing Research, 2000, 37 (2)：227~245.

[7] Dwyer F Robert, Schurr Paul H, Oh Sejo. Developing Buyer-Seller Relations [J]. Journal of Marketing, 1987 (51)：11~28.

[8] Martin Christopher, Adrian Payne, David Ballantyne. Relationship Marketing [M]. Butter worth-Heinemann Ltd, 1992.

[9] 黄亦潇，邵培基，李菁菁. 基于客户价值的客户分类方法研究 [J]. 预测，2004 (3).

[10] Jim Sellers, Arthur Hughes. RFM Analysis A New Approach to Proven Technique [EB/OL]. www. relation-shipmktg. com/FreeArticles/rmr017.

[11] 胡少东. 客户分类方法探析 [J]. 工业技术经济，2005 (7)：66~69.

[12] 吴开军. 客户分类方法探析 [J]. 工业技术经济，2003 (6)：95~99.

[13] 陈静宇. 价值细分—价值驱动的细分模型 [J]. 中国流通经济，2003 (6)：53~56.

[14] 弗雷德里克·莱希赫尔德. 忠诚的价值：增长、利润和持久价值背后的力量 [M]. 北京：华夏出版社，2001.

[15] 弗雷德里克·F·莱克尔. 忠诚法则 [M]. 北京：中信出版社，2002.

[16] Gitomer Jeffrey. Customer Satisfaction Is Worthless, Customer Loyalty Is Priceless：How to Make Customers Love You, Keep Them Coming Back and Tell Everyone They Know [M]. Bard Press, 1998.

[17] Reichheld Frederick F. The Loyalty Effect：The Hidden Force behind Growth, Profits, and Lasting Value [M]. Boston Mass：Harvard Business School Press, 1996.

[18] Dick Alan S, Kunal Basu. Customer Loyalty：Toward and Integrated Conceptual Framework [J]. Journal of the Academy of Marking Science, spring, 1994：99~114.

[19] Gremler D D, Brown S W. Service Loyalty：Its Nature Importance and Implications [M]. Edvardsson：International Service Quality Association, 1996.

[20] Oliver Richard L. Whence Consumer Loyalty [J]. Journal of Marking Special Issue, 1999 (63)：88~93.

[21] 管政. 企业如何提升客户忠诚度 [EB/OL]. http：//chinabyte. com/2013. 10. 08.

［22］CMC 国际管理咨询公司. 客户忠诚在实践中的两种度量［EB/OL］. 中国营销传播网, 2002. 12. 24.

［23］Barnes James G. Closeness Strength and Satisfaction: Examining the Nature of Relationships between Providers of Financial Services and Their Retail Customer［J］. Psychology and Marketing, 1997, 14 (8): 771.

［24］S J Backman, J L Crompton. Differentiating among High, Spurious, Latent, and Low Loyalty Partici-pants in Two Leisure Activities［J］. Journal of Park and Recreation Administration, 1991, 3 (2): 1~17.

［25］Baloglu Cornell. Dimensions of Customer Loyalty: Separating Friends from Well Wishers［J］. Hotel and Restaurant AdministrationQuarterly, 2002 (43): 47~59.

5 虚拟商店理论

5.1 虚拟商店

5.1.1 虚拟商店的概念和内涵

虚拟一词从字面意思来看是指虚幻的，不真实的，不以实体形式存在的《现代汉语词典》对虚拟一词的解释是"1. 不符合或不一定符合事实的；假设的；2. 虚构"。

虚拟是人类的一种高级思维活动，它立足于现实，又超越现实；通过虚拟这一过程，人类的非现实需求可以得到相应满足；并且，"非现实需求"通过虚拟过程，不仅可以在虚拟世界得到"真实"满足，还可以在现实世界中通过相应的"虚拟活动"，得到真实释放。从认识论的角度看，"虚拟"是一种超越现实的创造性的思维活动，它是与现实相对应的，但并非与现实对立。

按照虚拟对现实性超越的等级和层次，一般可将虚拟划分为三种不同的形式：（1）现实性虚拟；（2）可能性虚拟；（3）不可能性虚拟。虚拟有两层含义：一是看起来存在的东西而在现实中却不存在的；二是看起来不存在的东西却在现实中存在着。这两个概念似乎很矛盾，其实并不矛盾，虚拟的概念用在以网络为特征的信息社会愈发显得贴切。

了解了虚拟的概念，我们来看虚拟商店，从直观字面上看，虚拟商店是虚拟性的，不是以实体存在的，但它也不是虚幻、虚构、不真实的。它是相对于有实体店铺经营的商店而言的，是建立在网络基础之上的一种新的经营模式。

虚拟商店（Virtual Store）又称网上商店，电子空间商店等，是电子零售商业的典型组织形式，是建立在因特网上的商场，是利用无国界、无区域界限的互联网络来销售商品或服务的买卖通路形式。它不需要店面、装潢，也不需要货架、服务人员，就其经营特点而言，虚拟商店属于一种无店铺的销售方式。如国内著名的卓越网和当当网便是虚拟商店的典型代表。随着网络经济浪潮的不断发展，我们可以预见在不远的将来虚拟商店会像今天的连锁商店一样普遍，而且会成为人们购物的主要去处。

5.1.2 虚拟商店的特点

5.1.2.1 虚拟商店的特点

虚拟商店的销售方式属于被动式的,其营销方式和一般商店不一样,随着网络经济的发展,其特点越发明显,越来越引起了消费者的兴趣和喜爱,总体来说虚拟商店与一般传统商店比较具有以下特点:

(1)无店铺经营。虚拟商店不需要租赁闹市中的店铺、装饰精美的店面、商品货架以及商场中各种服务人员等,只需一台联在互联网上的服务器或者租用部分网络空间,这样可以节省昂贵的店面租金。

(2)无国界、无区域界限经营。网络经济的发展使地球上不同地方的人们越来越有天涯咫尺之感,不管你在世界的哪一个角落,只要你用电脑连接上互联网就可以享受网络上的各种资源。虚拟商店只需要把商品的图像和价格以多媒体的形式放在商店的网页上,便可以利用互联网把自己的货物卖到世界各地,而且经营商品的种类、规格、数量等都不受商店空间的限制。对于虚拟商店的店主而言,无需花费昂贵的国际行销费用,便可以最少的成本将自己的货品、服务推销到全世界。

(3)库存商品资金占用少。虚拟商店不需要仓库,其商品以图像等多媒体形式存放在页面上,不需要实物摆放,且库存很少或不需要库存。一个经营良好的虚拟商店,上游供应商调货系统做的好可以实现零库存,它的库存压力比较小。虚拟商店在接到顾客订单后,向生产厂家订货,不需要将商品库存起来或陈列出来让顾客选择。这样虚拟商店不会因为存货而增加其经营成本,因而更能增加虚拟商店对一般商店的竞争力。

(4)开放式、全天候销售。由于互联网的飞速发展,网络和个人电脑已十分普及,店主与顾客的网络沟通变得非常容易。因特网向全球开放,消费者可以到全球网站购物,虚拟商店有巨大的潜在顾客。虚拟商店全天24小时提供服务,一年365天持续营业,消费者的购买十分方便。

(5)节省消费者购买成本。到虚拟商店购物的顾客不必出门,接通网络即可浏览,填写信用卡号码即可轻松购物,把时间和金钱浪费在路上,大大减少了购物成本。

(6)高收入、高教育水平的消费者。由于互联网络或在一些商用线上服务的使用者多为高收入、高教育水平、从事专业性或管理性工作的群体,因而他们成了虚拟商店的主要消费群体。

5.1.2.2 虚拟商店的便利性

从消费者角度看,虚拟商店有着传统购物方式不可比拟的便利性。主要是:

(1)信息充分。比起普通商店来,顾客在虚拟商店购物能够得到更多的购买信息。这些信息不仅仅是商店本身的，也有购物的整个过程，它们对消费者都是很重要的。

（2）选择性强。虚拟商店的容量近乎无限，有比普通的超级市场多得多的商品。例如，在著名网上书店亚马逊出售的图书品种数量，比世界上任何一家普遍书店都要多。虚拟商店的商品多，对于消费者来说无疑是增加了其选择范围和机会。

（3）时间节省。网上购物者只需用鼠标轻轻一点便可以从一家商店转到另一家商店，从一类商品转到另一类商品，甚至通过虚拟商店到国外购物，不仅节省时间，还可免去旅途劳顿之苦。

（4）价格低廉。由于虚拟商店相对传统商店少了许多中间环节，商品价格中也就减少了不必要的中间费用，消费者也就能享受到低价格。美国一些网上书店折扣高达 40%，书价远低于一般商店，国内的卓越网、当当网也是折扣 10% 到 40%。

5.1.3 虚拟商店销售的创新点

与传统商店的销售相比，虚拟商店的销售具有以下五个方面的创新[1]：

（1）网上选购程序创新。上网后，启动自动浏览器，输入虚拟商店的网址，就可以直接登录到商店的主页。在主页上，有商品的分类目录，可以浏览商品的说明、功能、价格、付款方式、送退货条件、售后服务。如果需要订购，先按产品名称进行检索，挑选后输入数量并点击"选购"按钮，将商品放入购物车。挑选完毕、核实无误后，就可以去"收银台"付款。"收银台"设"会员通道"和"非会员通道"，已申请为会员的顾客直接走"会员通道"，只要输入以前电脑告诉的"会员 ID"和密码，再按提示选择付款方式，即完成订购；如果顾客是第一次光临虚拟商店，就要先走"非会员通道"，录入自己的真实姓名、通讯地址、Email 地址等信息，电脑就会告诉"会员 ID"和密码。办理完付款手续后，顾客就可以在家等待商品的送达。

（2）网上买卖双方交互式销售创新。虚拟商店销售是一种网上交互式销售，商店可以随时随地与顾客进行交互式交易，顾客也可以以一种新的方式与商店互动交流。这种交流是买卖双方的双向交流，而不是传统商店的单向交流。网上互动的特性，使顾客可以真正参与到整个商店销售过程中来，顾客在商店销售中的地位得到提高，其参与的主动性和选择的主动性都得到了加强。

（3）网上"一对一"个性化销售关系创新。消费者在求新、求异购买动机的驱使下，往往利用网上丰富的信息，拥有很大的选择余地，商店必须严格遵循以消费者为中心的现代市场营销法则，把各个消费者整合到整个销售过程中来。必须从消费者的角度出发考虑销售决策的问题，决策的每一个步骤都要与顾客交流，其过程是一个双向的链。总之，虚拟商店的销售关系，是一种"一对一"的个性化销售关系，商店与顾客之间的关系十分紧密，甚至牢不可破。

（4）网上"软销售"创新。相对于传统商店的"强势销售"，虚拟商店的销售是一种"软销售"。传统"强势销售"的主要促销手段有两种：传统广告和营业员推销。传统广告企图以一种信息灌输的方式强迫顾客留下印象，根本不考虑顾客是否需要这类信息；营业员推销根本就不事先了解顾客的需求，一律采取商店现场推销的形式，强硬而且缺乏针对性。"软销售"与"强势销售"有一个根本区别，即"软销售"的主动方是顾客，而"强势销售"的主动方是商店。

（5）网上顾客订购创新。虚拟商店会改变顾客的期望，改善商店与顾客的关系，随着商店对顾客了解的增多，个性化订购显得十分突出。虚拟商店可以通过建立内部信息系统，连接其供应链企业，以满足顾客的个性化订购需求。相应地，虚拟商店的发展趋势是：从大量销售转向订购销售。

5.1.4 虚拟商店的基础环境

建立虚拟商店，除了对其有基本的认知外，还要拥有一个好的虚拟商店环境。有了良好的虚拟商店环境，虚拟商店才有很好的生存基础。一个良好的虚拟商店基础环境构建的基本步骤有以下几个：

（1）专线及网址的申请。网址在网络上具有相当重要的地位，因为网站是虚拟商店的门面，而网址则是通往这个门面的一个通路，是留在顾客心目中的一个印记。所以申请注册网址的时候一定要容易记忆，尽量简便，并且要有自己的独特性，能显示出你的与众不同。但是在互联网世界中，网址都是只有一个，没有重复的网址。所以，设计网址的时候还是要费一番心思的。一般来说，网址可区分为两种：即 IP 地址和网域名称，IP 是由接受申请机关所发给，而网域名称原则上是向受理申请机关申请。

网址申请好后，要连上因特网，就是固接专线的申请。如果是选择虚拟主机式的虚拟商店经营模式，可不需要申请固接专线。申请固接专线前，应先评估所需的频宽，频宽越大，传输速率越快，费用也就越高。

（2）网页的规划与设计。网页是网站的门面，也是顾客对虚拟商店的第一印象。网页的设计应视虚拟商店的市场定位而异，并没有一定的标准。而网页规划的原则，应以消费者的立场和心态为参考标准，也就是要了解消费者的习惯与上此网站的主要目的。一般设计网页时应做到主题清楚、整齐、有条理，并尽量做到美观、布局合理等。

（3）电子商务系统软件的开发及购买。开发一套电子商务系统软件不是一件容易的事，其耗费的成本也很可观，所以建立虚拟商店时应根据自己的具体情况来选择是自己开发还是买别人已经开发好的。一般电子商务系统主要功能包括下列各项：

1）商品管理系统，为网站上各种商品的管理中心。

2）客户管理系统，提供消费者会员数据的建立及维护、厂商数据的登记更新等。

3）在线下单系统，让消费者点选商品，放入购物车并确认无误，即完成交易。

4）在线刷卡系统，透过国际安全认证标准的保护，让消费者在网络上提供信用卡数据，再经由在线刷卡系统与银行发卡中心联机，从而取得付款授权。

5）订单管理系统，消费者可透过此系统提供订单收款、出货退货等各项处理事项。

6）仓储物流管理系统，上游供货生产厂商进货及退货管理、消费者订单的出货、退货及入库的登记，并可同时打印各项进销存货报表。

（4）电子商务系统软件的测试。系统软件开发完成或买进后，要先经过测试，等到测试完成没有问题之后，才能正式上线使用。测试范围包括收单银行联机、管理系统整合测试及物流系统整合测试。

（5）电子交易安全认证。电子交易的安全性是消费者在网上消费最为关注的一件事，这就有赖电子交易安全认证机制的建立。目前大多数的电子商场都是使用 SSL 的安全加密措施经营电子商场。

（6）物流的筹备。要经营虚拟商店，最重要的就是物品的配送，有实力的虚拟商店自筹物流配送系统，很多虚拟商店都是选择第三方物流系统来进行配货，有的虚拟商店把自筹物流系统和第三方物流系统相结合以达到最好的服务效果。

5.1.5　虚拟商店的客户培养

一个完整的虚拟商店需要做到显示产品及服务、处理订购及询问、处理付款交易、透过网络传送产品及服务等功能。虚拟商店要做到功能齐全、运作快捷，提供高质量产品和服务，从而获取消费者的认同，才能在虚拟世界中成功。但首先的一个问题是要让消费者来了解自己、熟知自己、信赖自己，这就需要展示自己、营销自己，逐步培养消费者对自己的亲近感和忠诚度。虚拟商店的发展，会因产品特性、产业竞争环境而异，如果从顾客源泉方面看，虚拟商店要做到以下两点：

（1）创造知名度以吸引消费者上网。在浩瀚的网络世界中，知名度是吸引消费者上网的必要条件。知名度高，一方面表示消费者知道这个网站的存在，当有需求时，自然较会成为浏览目标；另一方面，知名度高可增加消费者的信赖，增加上网进行各种交易的机会。

在创造知名度方面，虚拟商店可以努力的方向是：到各搜寻网站登记；到热门网络或电子报网站刊登广告；借由传统媒体刊登广告；和其他网站进行策略性结盟，互相链接；举办各种在线活动以吸引人们上网；吸引消费者持续上网创造名声等。

（2）建立上网消费者的忠诚度。其中如何吸引消费者上网是首要的工作，它不仅能吸引其他未曾上网的人上网，更可让已上网者持续上网，不断地关注自己的网站，从而在自己的虚拟商店中持续消费。在吸引消费者持续上网方面，必须努力的方向有：

1）网站内容或服务项目契合顾客需要，比如当当网提供书评协助消费者判断书的好坏。

2）随时更新数据，以保持各项服务或活动同步进行，也避免消费者看到过时的数据。

3）建立和顾客较密切的关系，如实施会员制。

4）主动将新信息传达给客户，如将最新活动信息经由电子邮件寄给客户。

5）方便亲切的使用者接口，减少使用者的挫折感。

6）举办各种促销活动或事件营销吸引消费者再度光临。

5.2 网络经济

5.2.1 网络经济的内涵及其形成

人类社会迄今为止经历了三次重大的技术革命，相应地产生了三种不同的经济形态，即农业技术革命使人类从游牧经济形态进入农业经济时代；工业革命使人类实现农业经济向工业经济的跨越；信息技术革命使人类步入了网络经济时代。网络经济正是基于通信技术、计算机技术和网络技术，通过互联网使信息在全球范围内共享，对经济组织和资源配置产生了重大影响。

5.2.1.1 网络经济的内涵

网络经济的含义[2]：从狭义上说网络经济应是与计算机网络，特别是与Internet有关的经济。网络经济的主导产业是信息技术产业和信息服务业，而信息技术产业又可分为计算机硬件产业、软件产业和信息媒介三大产业，信息服务业则包括新闻、咨询、代理、电信、网络等。但在未来网络时代，将可能不存在独立的互联网企业，因为所有企业都将依赖网络生存，从而都成为互联网企业，也就是说任何产业都将信息化、网络化。

从广义上说网络经济是从经济的角度对未来社会的描述。从工业社会的产业经济向未来社会的网络经济的转化是一种经济的变迁。在农业经济时代，很多产品都是直接进入市场的，中间环节较少。随着生产力的不断提高，社会分工的逐步细化，生产者和消费者直接见面的交易方式越来越阻碍了工业社会生产效率的提高，由此产生了商业的这一中介机构。网络经济是区别于农业经济、工业经济的一种新型经济。网络经济不是信息经济，也不是服务经济，而是两者的结合。没有信息技术支持的服务经济不是网络经济，不具备服务特征的信息经济也不是网络经济。

5.2.1.2 网络经济的形成

人类自 20 世纪末叶开始在经济领域里经历着一场产生巨变与动荡的信息革命，这场革命延续到 21 世纪，要把以"实业"为主体的物质型经济转变为以"虚业"为主体的网络经济，完成从工业化向信息化、从工业社会向网络社会的过渡，其意义比 19 世纪的工业革命更加深远。网络经济的形成与发展大约可分为以下五个阶段[3]：

第一阶段，从普通大众转变为网民，包括的因素有网络接入的便利化、上网软件的易用性、网络服务的吸引力、消费习惯的改变。

第二阶段，网民增长迅速，但总体数量依然较少，网络服务主要集中在网络门户、内容和电子邮件的交互式交往方面，广告商和交易商开始加入，此阶段网络服务的特点是高度的免费性。

第三阶段，随着社会信息化程度的加快，网络传输层次逐渐高速宽带化、接入设备的进一步廉价化和易用性、网民数量与消费初具规模、专项电子商务（网络股票交易、网络直销、网络拍卖、虚拟商店）开始发展。传统产业与信息技术快速结合。

第四阶段，网民已经成为了网络社会的主人，电子服务普遍化，传统产业的价值迅速向网络服务集中，网络服务从专项服务走向了全面性的服务，开始取代传统的管理、销售和制造等模式，网络经济高速成长。

第五阶段，逐步实现了统一网络，并迅速进行全球化服务拓展，著名的网络公司将全球资源通过全球化的网络吸收到自己的手里，而在网络通路方面基本上是按需分配了，网络经济将成为社会产业结构中的主流。

5.2.2 网络经济的特征与影响因素

5.2.2.1 网络经济的特征

网络经济标志着任何时间任何事物的相连性，这种彼此间接见面的经济是生产和消费的统一，它大大减少了交易的成本，消除了人们的时空和距离感，不仅使"天涯若比邻"成为现实，而且也正逐步改变着我们的世界。和以往的经济相比网络经济具有以下特征：

（1）新的市场观念。网络缩短了生产厂家与最终用户之间供应链上的距离，改变了传统的结构。企业可以绕过传统的经销商而直接与客户沟通，客户的需求将直接转化为企业的生产指令。这不仅可以增加企业与消费者的联系，并且可以因此减少许多中间环节，使企业大幅度降低经营管理成本。

（2）边际成本递减的法则。网络经济从根本上改变了传统的经济规律。工业社会的经济学基础是边际成本递增法则，这一法则是工业社会高成本社会的反映，它的实质是成本随着社会化范围的扩大而增加。网络经济的经济学基础则是相反的边际成本递减法则，它是信息社会低成本社会化的反映，它的实质是成本随着社会化范围的扩大而减少。边际成本递减而边际效益则递增。

（3）服务的个性化。网络时代的顾客会拥有越来越多的信息，他们利用这种信息找出满足他们需要的、质量和价格最好的产品。而针对顾客的多样性和信息反馈的及时性，"灵活制作"、"个性化服务"越来越受到企业的注意。服务的个性化还表现在个人价值的实现方式上，它抛弃了传统的按班就点的企业式工作方式。例如以"威客"为代表的一族人开始活跃于网络间，他们大多从事设计、软件编程、图像处理、3D动画处理等方面，坐在自己家中工作，同时也有越来越多的人悬赏威客们帮他们解决问题。

（4）世界经济的一体化。全球经济高度信息化的发展，给世界经济一体化提供了条件，而世界经济一体化又反过来促进了网络经济的形成与发展。互联网是一个不分国界、不分地区的全球网络，从而建立在网络基础上的经济也已不再是以往的地区型经济，而是一种全球化的经济形势。

（5）知识经济与网络技术的结合。知识最基本要素是信息，知识经济也是以信息的传播和增值为基础的经济，而网络技术的迅速发展又推动着传统经济的全面信息化。因此，当知识经济与网络经济技术结合起来时，这就意味着一个全新的全球性的以网络驱动为主的新兴经济，即网络经济的诞生。

（6）网络经济是一种虚拟经济。网络经济是建立在互联网上的经济活动，网络本身就具有虚拟性，所以其经济的虚拟性源于网络的虚拟性。转移到网上去经营的经济都是虚拟经济，它是与网外物理空间中的现实经济相并存、相促进的。培育和促进虚拟经济的成长，已成为现代经济发展的新动向。

（7）网络经济是创新型经济。创新是网络经济的灵魂，是网络经济增长的最基本的动力，现代信息技术将使企业生产管理系统发生根本性的变化。在以信息网络技术和通信技术的飞速发展和快速融合为技术支撑的网络经济中，技术和知识的存量改变加快，新颖性很快趋于消失，技术和产品的生命周期日益缩短，落后的技术将很快被更新。

5.2.2.2　网络经济的影响因素

网络经济的发展离不开网络技术，尤其是信息技术与信息网络，信息网络有强大的支撑效应、渗透效应、带动效应[4]。信息网络发展中的一些规律对网络经济的发展起着支配作用：

（1）信息技术功能价格比的摩尔定律（Moore's Law）。按此定律，计算机硅芯片的功能每18个月翻一番，而价格以减半数下降。该定律的作用从60年代以来已持续30多年，并且还会持续下去，它揭示了信息技术产业快速增长的发动机和持续变革的根源。

（2）信息网络扩张效应的梅特卡夫法则（Metcalfe Law）。按此法则，网络的价值等于网络节点数的平方。即$V=n^2$，这说明网络效益随着网络用户的增加而呈指数增长。互联网的用户大概每半年翻一番，互联网的通信量大概每一百天翻一番，这种爆炸性增长必然会带来网络效益的飞快高涨。因此，网络经济具有边际效用递增规律。

（3）信息活动中优劣势强烈反差的马太效应（Matthew Effect）律。在信息活动中由于人们的心理反应和行为惯性，在一定条件下，优势或者劣势一旦出现，就会不断加剧而自行强化，出现滚动的累积效果。因此，某个时期内往往会出现强者越强、弱者越弱的局面，而且由于名牌效应，还可能发生强者统赢、胜者统吃的现象。

（4）通信带宽扩张的吉尔德定律（Gilder's Law）。按此定律，主干网的带宽平均每6个月翻一番，这个速度几乎是摩尔定律所描述的芯片发展速度的3倍，吉尔德定律将进一步降低用户的月租费。吉尔德断言，带宽终将接近于免费，每比特的费用将会遵循某条渐进曲线规律，在渐进曲线上，价格点将趋向于零，但永远达不到零。尤其从2004年起ASP模式重新燃起进入运作比较成熟阶段，极大程度降低了中小企业信息化建设的进入壁垒和门槛，也可以很容易分享到大服务器、宽带的好处了。

5.3 绩效评价理论基础

5.3.1 资源理论

企业资源理论（The Resource-Based Theory of the Firm，RBT）兴起于20世纪80年代中期，主张从企业内部因素来考察企业竞争优势。这一理论发展到现在，已经成为现代战略管理领域中研究企业竞争优势的全新视角。

张伯伦（Chamberlin，1933）和罗宾逊（Robinson，1933）是最早认识到企业专有资源重要性的两位经济学家，他们认为企业独特的资产和能力是产生不完全竞争并获取超额利润的重要因素。但是企业资源理论的鼻祖应该是彭罗斯，他最早将企业看成资源集合并强调资源异质性对其绩效的影响作用，在其影响深远的经典著作《企业成长理论》[5]里，彭罗斯提出了一系列后来成为企业资源理论基本思想的看法和见解。其一是将企业看成是资源的集合。彭罗斯认为"企业不仅仅是一个管理单元，同时还是生产性资源的集合"。其二是认为企业就其所拥有的资源来说是异质的。彭罗斯认为，企业的资源构造可以相同，但资源投入使用所提供的生产性服务不可能相同，资源生产性服务上的异质性造成了企业的异质性。其三是企业资源影响企业绩效。彭罗斯认为实物资源和人力资源与企业绩效存在着相关性，资源与企业绩效之间的相关性正是企业资源理论的重要问题。

企业资源理论的提出是循着经济学领域和战略管理领域中对企业竞争优势的来源解释这一研究主线下来的。从 20 世纪 80 年代开始，研究人员开始系统地从资源角度来研究企业竞争优势的来源，正式意义上的企业资源理论渐渐成型。与其他理论不同的是，企业资源的竞争优势理论不是在一篇文章里一下子提出来的，而是在大约十年时间里由四篇文章累积发展而成的。首先是 Wernerfelt（1984）的《企业资源基础论》，其次是 Barney（1986，1991）的《战略要素市场：远见、运气和企业战略》及《企业资源与持续竞争优势》，最后是 Peteraf（1993）的《竞争优势的基石：基于资源的观点》。在每一篇文章里面，作者都侧重问题的不同方面。Wernerfelt（1984）的文章是开创性的，最早从企业资源角度来研究企业竞争优势。在 Barney（1986）的文章里，他主要分析创造竞争优势的条件，而在其 1991 年的文章里，他主要分析维持竞争优势的条件。Peteraf（1993）的贡献在于将前述有关竞争优势的资源论的所有分散内容进行严谨统一。她先是提出了一个竞争优势产生和持续的分析框架，然后分析了其在业务层面和公司层面的应用。

Hofer 和 Schendel 将企业资源分为六类：财务资源、技术资源、物质资源、人力资源、企业声誉和组织资源。有价值的资源应该具有异质性，不易被其他企业创造、替代或者仿制，同时能将自身的优势中和到企业之中，为企业带来较高的绩效并维持企业独特的竞争优势。

企业资源理论是竞争优势理论。它把企业看成寻租者，企业战略管理的目的就是通过与众不同的战略来建立持续竞争优势，获取经济租金和超额利润。与传统的新古典经济学把企业视为同质的不同，该理论认为企业是资源的集合体，企业由于资源禀赋的差异而呈现出异质性。企业的竞争优势来源于企业拥有和控制的有价值的、稀缺的、难以模仿并不可替代的异质性资源。企业资源的异质性将长期存在，从而使得竞争优势呈现可持续性。识别优势资源并对之进行有效地开发、培育、提升和保护是战略管理的重要内容。

企业资源种类繁多，而且同一种资源可以有不同的使用方式，因此，如何最优使用资源并为企业创造价值，对于企业来说就显得非常重要。为了最有效地利用企业资源，管理者必须选择适当的企业发展战略，找出自己的优势资源，优先发展这些重点资源，但也不能抛弃其他资源，要做到既抓住重点又兼顾全面，使本企业的各方面资源都能最大的发挥其效用，只有这样，才会创造企业的竞争优势，从而提高企业的绩效水平。在从资源角度对企业绩效进行研究时，企业资源是一个不容忽视的重要内部资源。

5.3.2 生命周期理论

生物的发展要经过孕育、出生、成长、成熟、死亡各个阶段。生命周期范式作为一种重要的研究方法，目前在企业管理研究中得到了广泛的运用。运用生命周期分析方法，格林纳（Greiner，1972）和爱迪斯（Adizes，1989）提出了对企业理论有重要影响的"企业生命周期理论"。企业生命周期理论是经济学与管理学理论中最普遍的假设之一，这一理论的核心观点是：企业的成长像生物有机体一样，也有一个从生到死、由盛转衰的过程。该理论用动态的观点，较好地解释了企业发展的一般规律。目前较有代表性的企业生命周期模型是美国学者伊查克·爱迪思（Ichak Adizes，1989）在《企业生命周期》一书中提出的。该模型将企业生命周期分为成长阶段和老化阶段，形象地描述了企业整个生命周期的形态变化，并依次将各个具体阶段分为孕育期、婴儿期、学步期、青春期、盛年期、稳定期、贵族期、官僚期和死亡期[6]。

李业在《企业生命周期的修正模型及思考》中也提出了类似的模型——企业生命周期修正模型。如图 5-1 所示，在此模型中，他根据企业生命过程中各阶段的不同状态将企业生命周期依次分为孕育期、初成期、成长期、成熟期和衰退期[7]。虽然这两种模型在划分方式上极为相似，但是企业生命周期修正模型中生命周期阶段的界定方式却更加简单明确。

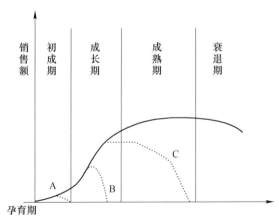

图 5-1 企业生命周期

在生命周期说中，企业通过不同的进化阶段实现成长，各进化阶段之间以革命性的转变来衔接。由于企业从一个阶段向更高阶段的转变过程中容易出现一些危机，这就使得企业的成长曲线呈现阶梯状。这一成长模式的逻辑依据是，在每一个成长阶段，企业都有一个特定的结构，这种结构通常是指企业规模、组织年龄、企业战略、组织结构和企业环境之间的关系。当一个企业在某一特定的成长阶段成长时，企业结构就会变得越来越不适合，并迫使企业发生转变，当转变完成之后，企业就进入下一个结构和成长阶段。这种转变不断重复，推动企业的持续成长。企业在转变过程中是非常脆弱的，除非转型取得完全成功，否则企业将面临失败的风险。

企业成长本身，更确切地说是使企业达到更大的规模，破坏了企业原有的结构平衡，引起企业向新结构的转变。如果一个企业的内部发展与它的规模不一致，将会面临许多问题，而且，企业规模与企业运作系统的发展越不和谐，企业遭受成长痛苦的可能性就越大。生命周期模型主要研究成长迫使企业发生变化的需要及成长如何影响企业的其他特性，如组织结构和企业战略。成长给企业内部创造了许多必须要解决的问题。在实证研究中，最经常出现的成长阶段和转变是这样一种情形，企业主以一个特定的集权方式创建了一个企业，企业内部的所有决定都由他（她）亲自做出，而且没有形成一个正式的组织，随着企业的成长，企业规模的扩大，企业将面临成长的危机。因为企业的组织结构与发展战略将不再适应这个较大规模的企业，企业需要专业化的管理、正式的组织和必要的授权，为了生存与继续发展，企业必须转变到另一种结构。生命周期理论使我们认识到，在不同发展阶段，企业的组织结构、规模、管理模式都会发生革命性的变化，从而，企业绩效评价的内容和标准就会不同。

5.3.3　战略适应理论

适应力的原意是指使某物质在弯曲、伸展或收缩后恢复原先的形状或位置的性能；或者是指使人们从疾病、变化或灾难中恢复过来的能力。企业战略适应能力，不仅仅是指企业从衰退、创伤中恢复过来的反弹能力，更多地是指对深刻影响企业核心业务盈利能力的趋势，进行不断预测和调整的能力，是在环境变化尚未彰显时，企业以变制变的一种能力[8]。对于前者，恢复创伤的反弹能力，那是企业衰退中的被动而为；人们更期望能够通过准确地预测环境的变化，主动地以变应变、以变制变、以变胜变。美国著名管理学家钱德勒（Chandler），在他的《战略与结构》这部著作中，首次对企业战略问题进行了研究，分析了环境、战略和组织结构间的相互关系[9]。这种以环境为基点的经典战略管理，其实质是一个组织对其环境的适应过程以及由此带来的组织内部结构化的变革过程，其核心思想之一即企业战略的基点是适应环境。

近几年来，全球经济发生了巨大变化，经济环境越来越复杂、越来越变化莫测。如果企业没有一个适应市场环境的战略规划，缺乏战略适应能力，不管企业规模有多大，现在经营状况有多么好，都将在这场革命性的技术和经济的大变革中面临生存与发展的严峻挑战，在当今的"战略制胜"时代，企业必须适应环境变化的需要。我们所处的时代，是一个大变化的时代。在这样一个时代，企业所处的环境是变化的，而且这种变化的广度、深度和速度都是空前的，迫使我们的企业必须知变、应变、善变。市场的竞争、科技的发展使得产品的寿命周期在缩短，企业必须不断开发研制新产品，不断扩大市场份额，不断提高市场占有率，才能使企业永葆青春；竞争的加剧，迫使企业必须不断创新，使企业各项工作、诸多方面都要上水平，战略竞争力和适应力全面提升。提高战略适应能力也是企业战略发展变革的需要。一般来说，战略无定式，这说明战略的变革创新性。但就战略的本质特征而言，每个企业制定出来的发展战略应该是一致的；就内容、重点、结构而言，不同企业有不同的发展战略。实行战略管理，要制定新的发展战略，必须进行认真的实施。战略实施是更丰富多彩的管理活动，是一个动态的过程，需要深入组织，不断完善和变革，必要时还要进行某些重大调整，以适应求生存，以变革求发展。

如果企业能够选择一种合适的战略，企业的发展就可以获得成功。这就暗示了，在特定的环境下，一些战略要优于其他战略，即某些战略要比其他战略更适合某个特定的环境。环境的改变既可以为企业创造新机会，也可以为企业带来威胁。这种变化改变了企业战略与环境之间原有的和谐，为企业带来重新制定战略的压力，导致企业内部或外部目标的响应。内部目标是指企业内部的反应，如制定新的发展战略或者是改变企业的组织结构，而外部目标则是指企业外部的反应，包括企业之间的合并等行为。相比较而言，内部响应更加容易执行，因为企业的管理层容易掌握实施这些行动的资源，因此，内部响应更加常见。战略对环境的反应从小到大各不相同，那些变动程度较大的战略需要的成本也更多，同时，也更加不容易实施。在大多数情况下，企业对环境的反应通过内部行动和变动程度较小的战略来实现。组织结构的复杂性等因素可以导致企业的惰性和对改变的抵制，在这种惰性的影响下，企业战略与环境的矛盾不断加强，直到企业的战略再也不能适应它的环境，企业才会发生改变。所以，企业很少改变自己的发展战略，只有当企业的正常活动受到干扰时，这种变化才可能发生。由于企业的规模影响组织结构的复杂性，中小企业的这种惰性就远远低于大企业，对环境变化的反应也更加灵活，因此，中小企业战略的改变要比大企业普遍得多。

企业根据环境来制定发展战略的行为直接影响企业的绩效。企业机会来自于社会、政治、技术和经济的改变，而动态环境的特点就是不稳定性与持续地变化。在动态环境中，企业需要生产新产品，开发新市场，或者改变管理方式，这些行动都是恰当的战略适应。通过采取各种创新性的战略，企业可以成功利用出现的各种机会，创造更高的企业绩效。不利的环境改变，如竞争对手的增加或者企业产品需求量的减少，可以给企业带来一定的威胁。为了减少环境给企业带来的不利影响，企业可以采取一些相应的措施，如转向新的领域来避免直接的威胁，或者通过广告来增加顾客的忠诚度，或者在竞争性最小的细分市场为顾客提供满意的产品等，也就是说，差异化战略在不利的环境下最为适用。

根据战略适应理论，企业与环境并非相对独立，只有当企业选择了适应环境的发展战略时，企业才会取得很高的绩效并获得发展。同时，这一理论也指出，在面对环境的威胁与机会时，企业可以选择多种不同的发展战略，没有任何一种战略是绝对优于其他战略的。战略适应理论与资源理论形成了鲜明的对比，它更关注于企业与外部环境的联系，而不是企业的内部资源。

5.3.4 激励理论

管理心理学对激励的研究始于 20 世纪初弗里德里克·W·泰罗倡导的科学管理运动，20 世纪 30 年代在"发现了人的逻辑"的霍桑实验推动下迅速发展，50、60 年代达到鼎盛，出现了一批"杰出的人物和他们的势必要对现代管理产生重要影响的理论"，如马斯洛及他的需要层次理论、赫茨伯格及双因素理论、亚当斯及公平理论、弗隆及期望理论、麦克莱兰德及成就需要理论，其研究势头之猛，理论力度之大，都是不多见的[10]。

激励是个体需求满足的过程，在满足员工需求的情况下，才能调动其积极性，进而实现组织的目标。因此，激励在企业发展中有着不可低估的力量。激励的方式有很多，物质激励、精神激励和工作激励等相辅相成，相得益彰。工作激励只是其中之一，但采用这种激励企业不需要增加太多投入，只要因人而异合理安排、灵活运用，更会达到无薪也激励的效果，更能有效地提升员工满意度，增强组织的活力和凝聚力。根据马斯洛的需求理论可知，人所处的地位、阶段等不同，他们的需求也是不相同的。因而，对待不同的员工应当采取不同的激励措施，这样才能收到比较理想的效果。激励学说的基本逻辑就是每个人对工作任务的选择及他们对承担任务所付出的时间与精力取决于他们在执行不同任务时所受到的各种激励。

现代激励理论，主要有以下几个。

5.3.4.1 需求理论

需求理论主要有马斯洛（Maslow）的需要层次理论、麦格雷戈（McGregor）的 X 理论和 Y 理论以及赫茨伯格（Herzberg）的激励—保健双因素理论。大卫·麦克利兰（David McClelland）等人提出了三种需要理论，他们认为个人在工作环境中有三种主要的需要。（1）成就需要：达到标准、追求卓越、争取成功的需要。（2）权力需要：影响或者控制他人，不受他人控制的欲望。（3）归属需要：建立友好亲密的人际关系的愿望。

5.3.4.2 期望理论

维克多·瓦鲁姆提出的期望理论认为，人们对个人努力行为或工作业绩的预期是不同的，只有当这种预期对其产生吸引力时人们才会采取行动。根据期望理论，在企业的日常运作中，员工的工作效率＝员工的工作能力×员工的工作动力。

当代企业管理中的激励是以期望理论为基础的。企业管理者所做出的各种激励努力都是基于这样一个假定：企业的每一个员工都有一个基本的期望值和期望值的递增，企业通过满足员工的期望值，从而获得对员工人力资源的支配权和使用权，鼓励员工努力履行自己的职责和完成企业指定的工作目标。

期望理论认为，一个人从事某项活动的动力（激励力量）大小，取决于该项活动所产生的成果的吸引力的大小和获得预期成果的可能性（即概率）的大小这两项因素。"某项活动成果的吸引力"指一个人对某项活动所可能产生的成果的主观评价，这种力量的大小因人而异。"获得预期成果的可能性"，即期望值，指一个人对完成某项活动并获得预期成果可能性大小的主观估计。这往往取决于自身条件和其他因素。"激励力"是促使一个人采取某一活动的驱动力的强度，是某项活动成果的吸引力和可能性估计值的乘积。企业管理者可依据"某项活动成果的吸引力"、"获得预期成果的可能性"和"激励力"的内在联系，对员工加以管理。

5.3.4.3 强化理论

强化理论也称为诱导条件理论，其基础是学习原理——后果定律。该理论是美国心理学家斯金纳在对有意识行为特性深入研究的基础上提出的一种新行为理论。他认为人的行为具有意识条件反射的特点，即可以对环境起作用，促其产生变化，环境的变化（即行为结果）又反过来对行为产生影响。因此，当有意识地对某种行为进行肯定强化时，可以促进这种行为重复出现，强化理论强调行为结果对员工行为的反作用。根据这一理论，得到奖励的行为倾向于重复出现，而得不到奖励的行为不易重复出现。所以报酬会强化绩效，工作绩效提高必须及时予以相应的奖励。这就要求在薪酬分配中，以绩效为基础的支付必须紧跟绩效，报酬既要与期望的绩效目标相衔接，又要重视支付时间的及时性。

5.3.4.4 公平理论

公平理论由斯达亚·亚当斯提出，这种理论认为一个人的工作动机，不仅受其所得报酬的绝对值的影响，而且受到相对报酬的影响。一般情况下，人们会以同事、同行、亲友、邻居或自己以前的情况作为参考依据，来评价自己是否得到了公正的待遇。每个人都会把自己所得的报酬与付出的劳动之间的比率同其他人的比率进行横向比较，也会把自己现在的投入报酬比率同过去的状况进行纵向比较，并且根据比较的结果决定今后的行动。公平理论就是利用人们的这种心理来研究激励问题的。如果一个人感到了不公平，他将会采取一系列行动来影响工作的绩效。

激励理论刚好反映了企业要实行"以人为本"的方针，明白员工需求，查明员工的真实想法，激励他们，给他们以工作的动力，提高企业的生产效率和工作质量，从而提高企业的绩效。

参 考 文 献

[1] 吕庆华．虚拟商店：现代商场的一种创新形式 [J]．商业现代化，2004（3）：102~103.

[2] 王道平．网络经济 [M]．石家庄：河北人民出版社，2000.

[3] 周鸿铎．网络经济 [M]．北京：经济管理出版社，2003.

[4] 乌家培．网络经济及其对经济理论的影响 [J]．学术研究，2000（1）：5~11.

[5] Penrose E T. The theory of the growth of the firm [M]．New York：Wiley Press，1959.

[6] [美] 伊查克·爱迪思．企业生命周期 [M]．赵睿，译．北京：华夏出版社，2004.

[7] 李业．企业生命周期的修正模型及思考 [J]．广州：南方经济，2000（2）：47~50.

[8] 乔峰，黄培清．企业的战略适应力 [J]．企业管理，2004（5）：84~86.

[9] 徐景明，林旭．企业战略管理理论的演进与发展 [J]．华东经济管理，2001，15（3）：8~11.

[10] 刘颂．关于现代激励理论发展困境的几点分析 [EB/OL]．http：//www. psychcn. com/enpsy/200201/254932395. shtml.

6 数据挖掘在客户分类中的应用

6.1 引言

企业运营的前提是确定"谁是你的客户"和对客户进行科学有效的细分。通过客户分类，企业可以更好地识别不同的客户群体，采取差异化营销策略，从而有效地降低成本，同时获得更强、更有利可图的市场渗透。

客户是企业最重要的资源之一。现代企业之间的竞争主要表现为对客户的全面争夺，而是否拥有客户取决于企业与客户之间关系的状况。企业要改善与客户之间的关系，就必须进行客户关系管理。客户分析是客户关系管理的基础，而客户分析的一项重要内容是客户细分，但目前还没有有效的客户细分方法。

客户让渡价值理论和客户生命周期价值理论从不同的角度对客户与企业的交易过程中产生的价值感受提供了研究基础。客户让渡价值（Customer Delivered Value）是从客户角度出发的感知效用，衡量的是客户感知收益（产品价值、服务价值、人员价值和形象价值）与感知付出（货币成本、时间成本、精力成本、体力成本）之间的比例[1]。这种价值理论容易导致企业只考虑市场占有率，盲目追求客户让渡价值，而忽略企业利润。另外，这种价值理论是一种感知理论，会涉及大量主观成分，需要采用问卷调查、直觉判断等获得，难以付诸实践，度量也很难做到客观准确。客户生命周期价值（Customer Lifetime Value，CLV）是从企业的角度出发，是客户在整个生命周期中各个交易时段为企业带来的利润净现值之和。客户生命周期价值（Customer Lifetime Value，CLV）分为客户当前价值（Customer Current Value，CCV）和客户潜在价值（Customer Potential Value，CPV）两部分，既反映了收益流对企业利润的贡献，又明确地扣除了企业为取得该收益流所付出的代价，同时更重要的是客户生命周期价值充分预计了客户将来对企业的长期增值潜力，因此能客观、全面地度量客户将来对企业的总体价值。

目前，基于客户统计学特征、客户让渡价值、客户行为和客户生命周期的客户分类理论，存在各种不足[2,3]。

6.1.1 传统的客户分类理论

传统的客户分类理论主要是指基于客户统计学特征的客户分类和基于客户让渡价值理论的客户分类。基于客户统计学特征（年龄、性别、收入、职业、地区等）的客户分类方法已为人家所熟悉，该方法虽然简单易行，但缺乏有效性，难以反映客户需求、客户价值和客户关系阶段，难以指导企业如何去吸引客户、保持客户，难以适应客户关系管理的需要。基于客户让渡价值理论的客户分类虽然比较全面地概括了客户对于企业的所有可感知的价值，但该细分方法容易导致企业只考虑市场占有率，盲目追求客户让渡价值，而忽略企业利润。另外，这种细分方法因为涉及大量主观感知成分，也导致了在实践中难以操作实施、度量难以做到客观准确等问题。

6.1.2　基于客户行为的客户分类

这种细分方法充分利用了企业大量存储的客户数据资源，其操作与实施简单易行，但该方法也存在难以反映客户价值和客户关系阶段的问题。

6.1.3　基于客户生命周期的客户分类

前面介绍的基于客户生命周期的客户分类理论把客户关系划分为开拓期、形成期、稳定期和衰退期等几个阶段，可以清晰地洞察客户关系的动态特征和不同的阶段客户的行为特征，使企业针对客户所处阶段进行有针对性营销，促使客户向稳定期发展，或者延长稳定期。

不过，该方法也存在不足，该方法难以识别相同生命周期阶段的客户差异。同是形成期的客户，客户价值存在差异，无法识别。如果平均用力，将难以避开不良客户。

6.1.4　基于客户生命周期价值的客户分类

基于客户生命周期价值（Customer Lifetime Value，CLV）的细分理论能从狭义上把 CLV 定义为客户在将来为企业带来的利润流的总现值，即未来利润，并认为客户当前价值（Customer Current Value，CCV）和客户潜在价值（Customer Potential Value，CPV）从不同侧面反映了客户的这种未来利润，CCV 和 CPV 两项之和就是客户在未来可为企业带来的总利润，即 CLV＝CCV＋CPV。

该细分理论在全面衡量了客户当前价值（CCV）和潜在价值（CPV）后，对其中当前价值和潜在价值都高的客户认定为最有价值的客户，重点投入，不遗余力地保持；相反，两项取值都较低的客户价值最小，不投入任何资源。

该细分理论的不足在于，它没有考虑到客户忠诚度对 CLV 的影响，一个忠诚度低的客户，即使他拥有高的当前价值及潜在价值，他的 CLV 值也相对较低，企业如果对其进行重点投入就会带来损失，因为高的客户转换率会使企业的营销努力付之东流，因此仅利用客户当前价值和客户潜在价值两个维度对 CLV 进行预测并进行客户价值细分存在一定的局限性。

　　针对现有客户分类模型的不足，本章以客户生命周期价值为决策依据，根据客户当前价值（Customer Current Value，CCV）、客户潜在价值（Customer Potential Value，CPV）和客户忠诚度（Customer Loyalty Degree，CLD）三个维度提出新的客户分类模型，提出了计算客户当前价值、潜在价值和客户忠诚度的数据挖掘方法，实现了对客户的有效分类。

6.2　模型构建

　　本章借鉴基于客户生命周期价值的客户分类方法，并在此基础上加以改进，提出了一个新的细分模型，如图 1-1 所示。

　　该模型通过当前价值和潜在价值来衡量客户的生命周期价值，同时针对以上提到的客户生命周期价值的不足，加入客户忠诚度来衡量客户的转换概率（保持率），在此基础上，以客户当前价值、潜在价值和忠诚度为三个维度，每个维度分为高低两个层次，将客户划分为八类，进而针对不同类别的客户制定不同的市场策略。

　　新的客户分类模型中，客户当前价值采用已售产品或服务所获利润计算；客户潜在价值采用关联规则算法，根据客户的历史购买记录，预测出该客户将来可能购买的所有产品及购买概率，最后再根据产品成本数据计算；客户忠诚度评价，首先构建全新的客户忠诚度评价指标体系，并根据这些指标数据分别运用了聚类、决策树和神经网络三种数据挖掘算法对客户忠诚度进行预测和评价。

6.2.1　当前价值的计算

　　当前价值计算公式为：

$$NPV = \sum_{t=1}^{T} \frac{MQ_t - X}{(1 + i)^t} - C \qquad (6\text{-}1)$$

式中，M 为单位产品的销售毛利；Q_t 为第 t 年客户的销售量；X 为客户每年的维护成本；C 为客户的期初开发成本；T 为客户的寿命周期。

6.2.2　潜在价值的计算

　　潜在价值计算公式为：

$$V_i = \sum_{j=1}^{n} prob_{ij} \times profit_{ij} \qquad (6\text{-}2)$$

式中，V_i 为客户 i 的潜在价值；$prob_{ij}$ 为客户 i 未来购买产品 j 的概率；$profit_{ij}$ 为客户 i 购买产品 j 企业所能获得的利润。

　　我们用客户 i 所购买的产品 j 减掉该产品 j 的成本及各种费用，所得的利润或净收益表示 $profit_{ij}$。我们运用关联规则算法，根据客户 i 已购买的产品来推测客

户 i 将来购买产品 j 的概率，得到 $prob_{ij}$。

6.2.3 客户忠诚度的计量

6.2.3.1 客户忠诚度的影响变量

通过前面的论述我们已经知道，客户忠诚表现为两种形式，一种是客户忠诚于企业的意愿，一种是客户忠诚于企业的行为，客户忠诚综合论虽然将两者结合在了一起，完整地描述了客户忠诚，但是客户忠诚于企业的意愿的衡量包含了大量不可测算的因素，如客户情感，客户心理等。

在工程上如何通过企业保存的交易信息，把客户分成不同忠诚度的群体呢？李卫东等[4]通过对专家思想的理解和数据仓库中几千万条交易数据的分析，借鉴已有的工作，并通过实际数据的模拟分析，发现客户忠诚度是客龄长短、平均消费水平、活跃程度、续订模式等因素的综合体现，认为客户忠诚度与客户存在的时间、发生交易的数额、客户的续订模式、客户交叉订购行为、活跃程度等有最直接的关系，并依据这些因素提出了全新的客户忠诚度计算公式：

$$CLV = T \times M \times A \times P \times G \tag{6-3}$$

公式由乘号分开为五部分，语义为：

客户忠诚度＝时间系数×金额系数×活动系数×产品交叉系数×续订模式系数

$$T = \frac{\sum_{i=1}^{订单总数} 订单时长}{平均客龄} \tag{6-4}$$

$$M = \frac{\sum_{i=1}^{订单总数} 订单金额}{平均每单金额} \tag{6-5}$$

$$A = 1 - \frac{睡眠次数}{总订单数} \tag{6-6}$$

$$P = 1 + Lg(平均每单产品数) \tag{6-7}$$

$$G = 1 - \frac{投递期内续订次数}{总订单数} \tag{6-8}$$

该公式突出了客龄、消费金额、订购产品超过平均数的客户，同时还把没有休眠的用户和投递期未满又续订下一期的客户突出出来，是一个可明确计算的客户忠诚度公式。式中，T、M、P 体现了行为忠诚，A、G 体现了态度忠诚。

我们这里借鉴数据库营销中常用的 RMF 指标体系和李卫东等人的指标体系，提出客户忠诚度的计量指标为：客龄长短、最近一次订单距今时间、平均订单金额、平均年度消费金额、平均年订单数、平均订单间隔天数、订单总数、产品总数、是否已经流失。客户忠诚度挖掘数据见表 6-1。

表 6-1 数据挖掘结构表

列 名	说 明	描 述
Customer Key	主键，客户 ID	主键
Customer Lifetime Day	客龄，以天为单位	输入变量
Last Order Day Num	最后一次订单距今的天数	输入变量
Average Money By Order	平均每订单的消费金额	输入变量
Average Money By Year	平均每年的消费金额	输入变量
Average Order By Year	平均每年的订单数	输入变量
Order Average Days	平均每一订单的间隔天数	输入变量
Total Orders	总共的订单数	输入变量
Products Num	总共购买的产品数	输入变量
Year Num	客龄，以年为单位	输入变量
Is Lost	是否已经流失，0 表示已流失，1 表示没有流失	预测变量（聚类算法忽略）

6.2.3.2 分类与聚类任务

我们对客户忠诚度分别采用聚类和分类两种形式的数据挖掘。聚类挖掘用于训练数据集缺少预测属性（Is Lost）数据的情况，采用聚类算法；当训练数据集包含预测属性（Is Lost）数据时，我们采用决策树和神经网络算法对客户忠诚度进行分类挖掘，并通过决策树和神经网络两者的挖掘结果与实际结果的对比，在其中选择一种准确性较高的算法作为客户忠诚度最终的分类挖掘算法。

A　分类

分类是指基于一个可预测属性把事例分成多个类别。每个事例包含一组属性，其中有一个可预测属性——类别（class）属性。分类任务要求找到一个模型，该模型将类别属性定义为输入属性的函数。在上面的客户忠诚度挖掘训练数据集中"Is Lost"属性就是类别属性，该属性有两种状态：1 和 0。建立分类模型时，需要知道在数据集中输入事例的类别属性的值，该值通常来自历史数据。有目标的数据挖掘算法称之为有监督的算法[5]。

典型的分类算法决策树算法、神经网络算法和贝叶斯算法。

B　聚类

聚类也称为细分，它基于一组属性对事例进行分组。在同一个聚类中的事例或多或少有相同的属性。

聚类是一种无监督的数据挖掘任务，没有一个属性用于指导模型的构建过程。所有的输入属性都平等对待。大多数聚类算法通过多次迭代来构建模型，当模型收敛的时候算法停止，也就是说当细分的边界变得稳定时算法停止[6]。

从以上聚类和分类的定义，我们可以知道：当训练数据集缺少可预测属性（Is Lost）数据时，客户忠诚度挖掘是不能使用决策树、神经网络算法的，只能采用聚类分析，因为决策树、神经网络算法是一种有监督的学习和训练过程；当训练数据集包含可预测属性（Is Lost）数据时，客户忠诚度挖掘最好使用决策树、神经网络算法进行预测，这两种算法可以将预测结果和实际结果进行对比分析得到预测准确度。

需要注意的是，客户忠诚度的聚类挖掘并不能直接得出客户忠诚度的评价结果，它只是根据影响客户忠诚度的变量要素之间相似度的大小，把客户分为指定的几类，它能给出不同类别的分类特征，但不能直接判断出哪类客户的忠诚度大，哪类客户忠诚度小。本章中的聚类挖掘是在缺少预测属性（Is Lost），不能使用分类算法对客户忠诚度进行挖掘评价的情况下，退而求其次做出的选择。聚类算法的反复迭代可以将客户分成忠诚度大小不同的几类。

6.2.4　数据挖掘流程

本章对客户生命周期价值的挖掘共分为三个步骤。步骤一，收集数据，建立数据仓库；步骤二，以客户生命周期的三个要素：客户当前价值、客户潜在价值、客户忠诚度为轴，建立三维坐标系对客户进行分类；步骤三，针对数据挖掘结果和客户分类，制定不同的市场策略，如图6-1所示。

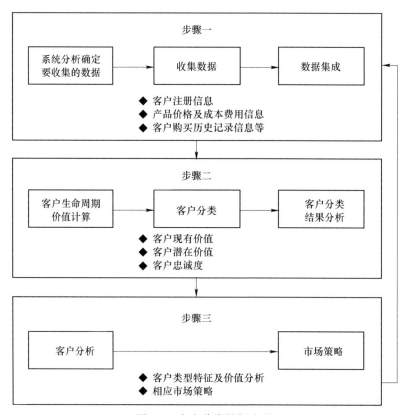

图 6-1　客户分类挖掘流程

6.3 实证研究

6.3.1 数据来源

本模型中使用的原始数据为某公司网络销售的真实数据，该公司在网上售卖 606 种产品，这 606 种产品又可分为 37 个型号（Model）。我们把全部数据分为两部分：训练数据和预测数据。训练数据用于输入建立好的挖掘模型，生成挖掘模式；然后利用训练好的挖掘模型（挖掘模式）对输入的新数据（预测数据）进行预测。

6.3.1.1 客户潜在价值挖掘数据

由于一个公司的产品很可能上千种，如果以产品做关联分析，则产品之间的组合将急速增长，关联规则算法的计算量也将急剧膨胀，所以我们这里把众多的产品分成不同的型号（Model），以此进行关联分析，再结合不同型号的利润成本数据，得出不同客户的潜在价值。

图 6-2 给出了数据集市的部分模式。图中显示了两个表：Customer Train ID 和 Model Train。Customer Train ID 表只包含 Customer Key，它唯一标识公司的每位客户。Model Train 表存储客户历史购买记录。该表是包含 Customer Key 和 Model 两列的事实表。每个客户都购买一组 Model（见图 6-3）。两表是 1 对 n 的关系（见图 6-2）。

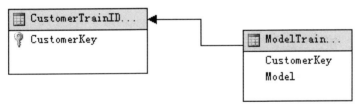

图 6-2　客户潜在价值模式

CustomerKey	Model
18086	Water Bottle
18086	Cycling Cap
18086	Road-350-W
18086	Road Bottle Cage
18086	Water Bottle
18086	Cycling Cap
18157	Cycling Cap
18157	Sport-100
18157	Mountain-200
18157	HL Mountain Tire

图 6-3　客户购买历史记录

6.3.1.2 客户忠诚度挖掘数据

通过前面的论述，我们已经知道影响客户忠诚度的变量主要包括：客龄长短（天）、客龄长短（年）、最近一次订单距今时间、平均订单金额、平均年度消费金额、平均年订单数、平均订单间隔天数、订单总数、产品总数、是否已经流失（聚类分析无），如图 6-4 所示。

```
CustomerLoyaltyTrain (dbo.CustomerLoyaltyTrain)
CustomerKey
CustomerLifetime_Day
LastOrder_Day_Num
AverageMoney_By_Order
AverageMoney_By_Year
AverageOrder_By_Year
Order_AverageDays
TotalOrders
Products_Num
YearNum
IsLost
```

图 6-4 客户忠诚度挖掘模式

客户忠诚度的挖掘分为聚类和分类两种形式，聚类分析用于当没有预测属性（Is Lost）数据的时候，分类则用于存在预测属性（Is Lost）数据的时候。

聚类分析挖掘表数据如图 6-5 所示。

Custom...	CustomerLifetim...	LastOrder_Day...	AverageMoney_...	AverageMoney_By...	AverageOrde...	Order_Aver...	TotalOrders	Products_Num	YearNum
11000	835	423	1031.1237	2749.6633	2.6667	104.3750	8	8	3
11001	1060	202	580.3527	1595.9700	2.7500	96.3636	11	11	4
11002	778	492	2028.5100	2704.6800	1.3333	194.5000	4	4	3
11003	863	416	904.3655	2713.0966	3.0000	95.8889	9	9	3
11005	854	424	1353.5550	2707.1100	2.0000	142.3333	6	6	3
11006	841	412	1623.8060	2706.3433	1.6667	168.2000	5	5	3
11007	800	468	1026.3750	2737.0000	2.6667	100.0000	8	8	3
11008	767	485	1158.0442	2702.1033	2.3333	109.5714	7	7	3
11009	833	417	1618.2660	2697.1100	1.6667	166.6000	5	5	3
11010	860	403	2022.0100	2696.0133	1.3333	215.0000	4	4	3

图 6-5 聚类分析挖掘数据

分类分析挖掘表数据如图 6-6 所示。

由于我们在预测客户忠诚度的时候需要用到神经网络算法，而神经网络算法的使用需要将输入变量的值规范化为相同范围的值，否则，值比较大的那些变量将会支配训练过程[6]，因此我们需要对图 6-6 的属性数据进行规范化处理。属性规范化方法如图 6-7 所示。

Custom	CustomerLifetim	LastOrder_D	AverageMoney	AverageMoney	AverageOrde	Order_Avera	TotalOrders	Products_Nu	YearNum	IsLost
11000	835	423	1031.1237	2749.8633	2.6667	104.3750	8	8	3	1
11001	1060	202	580.3527	1595.97	2.7500	96.3636	11	11	4	1
11002	778	492	2028.51	2704.68	1.3333	194.5000	4	4	3	1
11003	863	416	904.3655	2713.0966	3.0000	95.8889	9	9	3	1
11005	854	424	1353.555	2707.11	2.0000	142.3333	6	6	3	1
11006	841	412	1623.806	2706.3433	1.6667	168.2000	5	5	3	1
11007	800	468	1026.375	2737	2.6667	100.0000	8	8	3	1
11008	767	485	1158.0442	2702.1033	2.3333	109.5714	7	7	3	1
11009	833	417	1618.266	2697.11	1.6667	166.6000	5	5	3	1
11010	860	403	2022.01	2696.0133	1.3333	215.0000	4	4	3	1

图 6-6 分类分析挖掘数据

CustomerKey	CustomerLifetim	LastOrder_D	AverageMoney_	AverageMoney_By	AverageOrde	Order_Average	TotalOrders	Products_Num	YearNum	IsLost
11000	0.7668	0.2398	0.2877	0.398	0.0647	0.0714	0.1045	0.1045	0.6667	1
11001	0.9734	0.0435	0.1616	0.2309	0.0672	0.0659	0.1493	0.1493	1.0000	1
11002	0.7144	0.3011	0.5666	0.3915	0.0249	0.1331	0.0448	0.0448	0.6667	1
11003	0.7925	0.2336	0.2522	0.3927	0.0746	0.0656	0.1194	0.1194	0.6667	1
11005	0.7842	0.2407	0.3778	0.3919	0.0448	0.0974	0.0746	0.0746	0.6667	1
11006	0.7723	0.2300	0.4534	0.3917	0.0348	0.1151	0.0597	0.0597	0.6667	1
11007	0.7346	0.2798	0.2863	0.3962	0.0684	0.1045	0.1045	0.1045	0.6667	1
11008	0.7043	0.2948	0.3231	0.3911	0.0547	0.0749	0.0896	0.0896	0.6667	1
11009	0.7649	0.2345	0.4518	0.3904	0.0348	0.1140	0.0597	0.0597	0.6667	1
11010	0.7897	0.2220	0.5648	0.3902	0.0249	0.1472	0.0448	0.0448	0.6667	1

图 6-7 分类挖掘规范化数据

对于连续的输入属性，可采用如下公式对其进行规范化：

$$V = (A - A_{min}) / (A_{max} - A_{min}) \tag{6-9}$$

式中，A 为属性值；A_{min} 为属性最小值；A_{max} 为属性最大值。

对于离散型的变量，我们将它映射到等价的空间点上，其范围为 0~1。

6.3.2 模型建立

6.3.2.1 客户潜在价值挖掘模型

关联模型中通常存在一个可预测的嵌套表。每个嵌套键都作为可预测属性来建模。图 6-8 中关联规则模型只有一个事例级别的属性，即事例键 Customer Key，Model Train 是将 Model 作为嵌套键来建模的嵌套表。该模型将基于每个客户的购物车来分析 Model 之间的关联。

6.3.2.2 客户忠诚度挖掘模型

客户忠诚度我们使用聚类算法、决策树和神经网络算法进行挖掘。聚类算法和决策树算法使用图 6-5 与图 6-6 的数据，神经网络算法使用图 6-7 的规范化处理后的数据，因此我们单独为神经网络算法建立一个挖掘结构。

由于聚类挖掘不需要预测变量，因此在聚类挖掘模型中，我们忽略"Is Lost"属性，如图 6-9 所示。决策树和神经网络算法以"Is Lost"属性为预测变量，其他属性作为输入变量进行分类挖掘，如图 6-10 所示。

图 6-8 关联规则挖掘模型

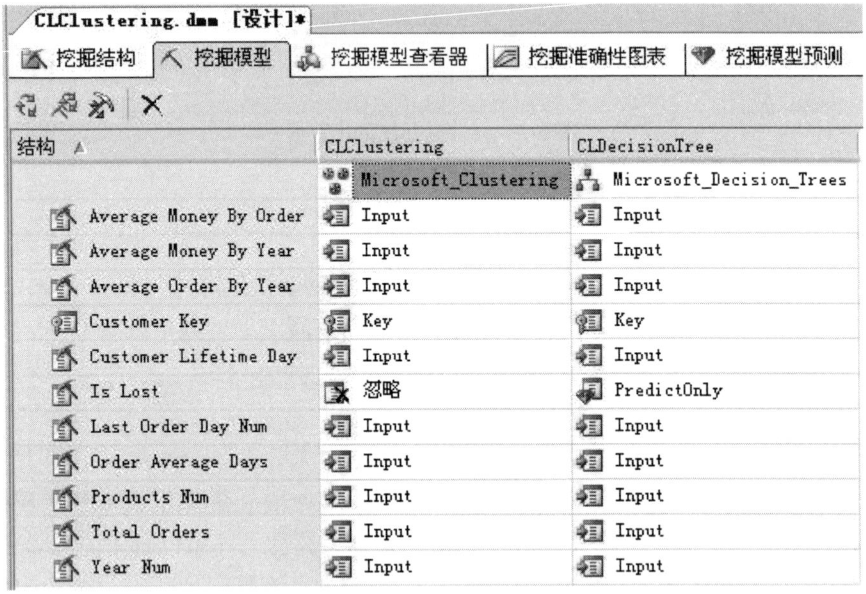

图 6-9 聚类及决策树挖掘模型

6.3.3 模型训练

模型训练也称为模型处理。在训练阶段中，数据挖掘算法处理输入事例并且分析属性值之间的关系。模型训练完之后，数据挖掘模型的内容以模式的形式保存。输入训练数据，处理模型后便可以查看算法生成的挖掘模式。

6.3.3.1 关联规则模型的挖掘结果

关联规则生成的依赖关系网络（见图6-11）。

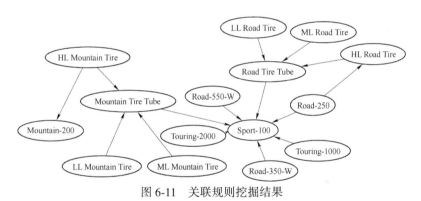

图 6-10　神经网络挖掘模型

图 6-11　关联规则挖掘结果

6.3.3.2　客户忠诚度的聚类挖掘

我们这里根据客户忠诚度的输入属性，把客户分成 10 类（见图 6-12）。

每一类客户的分类特征查询如下（以分类 10 为例），如图 6-13 所示。

聚类挖掘是在缺少预测属性（Is Lost），不能使用分类算法对客户忠诚度进行挖掘评价的情况下，退而求其次做出的选择。聚类挖掘并不能直接得出客户忠诚度的评价结果，它只是根据影响客户忠诚度的变量要素之间相似度的大小，把客户分为指定的几类，并给出不同类别的分类特征，至于哪类客户的忠诚度大，哪类客户忠诚度小还需要熟悉企业业务的人员分别比较后作出判断。本章所用到的企业数据存在预测属性（Is Lost）数据，我们采用分类算法对客户忠诚度进行挖掘。

6.3.3.3　客户忠诚度的分类挖掘

（1）决策树算法的分类结果。以下是决策树算法生成的决策树（见图 6-14）。

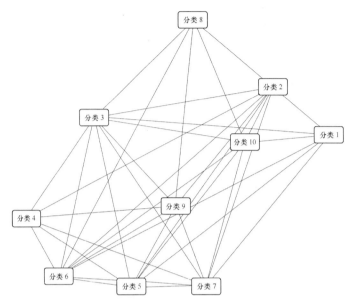

图 6-12　客户忠诚度聚类结果

分类关系图　分类剖面图　**分类特征**　分类对比

分类: 分类 10

特征 分类 10

变量	值	概率
Year Num	1	████████████████████████████
Average Money By Year	1586.9 - 40...	████████████████████████████
Customer Lifetime Day	0 - 167	██████████
Order Average Days	1372.9 - 14...	██████████
Average Order By Year	0.5 - 1.4	███████
Last Order Day Num	399 - 549	██████
Total Orders	2 - 3	█████
Products Num	2 - 3	█████
Average Order By Year	1.4 - 2.5	█████
Last Order Day Num	331 - 398	████
Total Orders	1	████
Products Num	1	████
Last Order Day Num	263 - 330	███
Last Order Day Num	153 - 262	███
Average Order By Year	2.5 - 3.5	██
Average Money By Order	860.7 - 2246.7	█
Products Num	4 - 5	▎
Total Orders	4 - 5	▎
Average Order By Year	3.5 - 7.2	▎

图 6-13　客户忠诚度分类特征

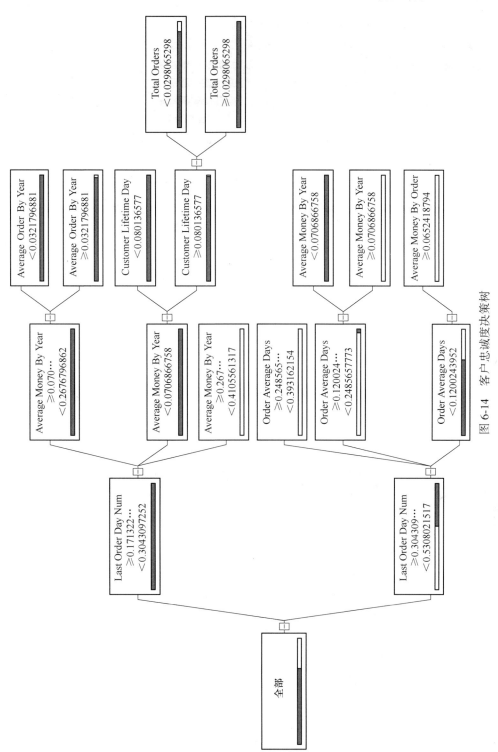

图 6-14 客户忠诚度决策树

（2）神经网络算法的分类结果。以下是神经网络算法的挖掘结果（见图6-15）。

属性	值	倾向于 1	倾向于 0 ▽
Products Num	0.062 - 0.155	████	
Total Orders	0.062 - 0.155	███	
Year Num	1	██	
Order Average Days	0.000 - 0.328	██	
Products Num	0.000 - 0.008		██
Total Orders	0.000 - 0.008		██
Order Average Days	0.940 - 1.000		██
Year Num	0.3333	█	
Average Money By Year	0.230 - 0.584		█
Year Num	0.6667	█	
Customer Lifetime Day	0.318 - 0.883	█	
Average Order By Year	0.091 - 0.200	█	
Order Average Days	0.328 - 0.634	█	
Products Num	0.035 - 0.062	█	
Order Average Days	0.634 - 0.940		█
Products Num	0.008 - 0.035		█
Total Orders	0.035 - 0.062	█	

图6-15　神经网络挖掘结果

（3）分类算法对比分析与选择。决策树和神经网络都能对客户忠诚度进行分类挖掘，预测客户流失的概率，两种算法在本例应用中究竟哪种算法更准确呢？我们使用挖掘结构的准确性图表进行判断（如图6-16和图6-17所示）。

序列，模型	分数	总体正确	预测概率
CL_NeunalNet	1.00	97.17%	50.50%
CLDecision_Tree	1.00	99.29%	52.27%
理想模型		100.00%	

图6-16　分类算法的对比分析

由此可见，在预测概率上，神经网络和决策树算法与理想模型拟合较为完美，两者不相上下，但决策树算法略微优良一点。本章后面的客户忠诚度的预测采用决策树算法。

6.3.4　模型预测

6.3.4.1　关联规则模型预测

输入预测数据，预测数据两个新表：Customer Predict ID 和 Model Predict。

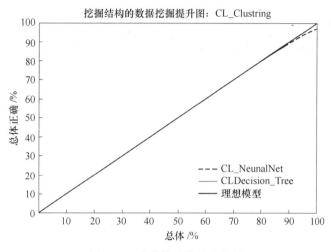

图 6-17 分类算法的对比分析

Customer Predict ID 包含新客户的 ID，Model Predict 包含每一个新客户最近购买的 Model，如图 6-18 所示。

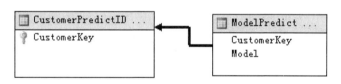

图 6-18 预测数据

通过以下预测查询（见图 6-19）来获得提供给客户将来可能购买的产品、购买每种产品的概率及其他统计信息。

预测查询结果如图 6-20 所示。

预测结果中（见图 6-20），右侧列 Buyed Model 为客户先前已经购买的 Model，左侧嵌套表 Predict Model 下的各列数据为关联规则挖掘预测结果，其中 Model 列为客户将来可能购买的 Model，$SUPPORT 为支持的事例数，$PROBA-BILITY 为预测购买概率，$ADJUSTEDPROBABILITY 为调整后的预测购买概率。我们将预测结果中的 Customer Key、将来可能购买的 Model 及购买概率$PROBA-BILITY 导出为数据表，如图 6-21 所示。

6.3.4.2 决策树模型预测

输入客龄长短（天）、客龄长短（年）、最近一次订单距今时间、平均订单金额、平均年度消费金额、平均年订单数、平均订单间隔天数、订单总数、产品总数等变量的预测数据，我们用决策树生成的训练模型对 Is Lost 属性进行预测，"0" 表示会流失，"1" 表示不会流失。

```
SELECT
  (t.[CustomerKey]) as [CustomerID],
  (Predict ([Model Train],INCLUSIVE,INCLUDE_STATISTICS)) as [PredictModel],
  (SELECT ([Model]) as [BuyedModel] FROM t.[ModelPredict])
From
  [CustomerModel]
PREDICTION JOIN
  SHAPE {
  OPENQUERY([Adventure Works DW],
    'SELECT
      [CustomerKey]
    FROM
      [dbo].[CustomerPredictID]
    ORDER BY
      [CustomerKey]')}
  APPEND
  ({OPENQUERY([Adventure Works DW],
    'SELECT
      [Model],
      [CustomerKey]
    FROM
      [dbo].[ModelPredict]
    ORDER BY
      [CustomerKey]')}
    RELATE
      [CustomerKey] TO [CustomerKey])
    AS
      [ModelPredict] AS t
ON
  [CustomerModel].[Model Train].[Model] = t.[ModelPredict].[Model]
```

图 6-19　预测查询语句

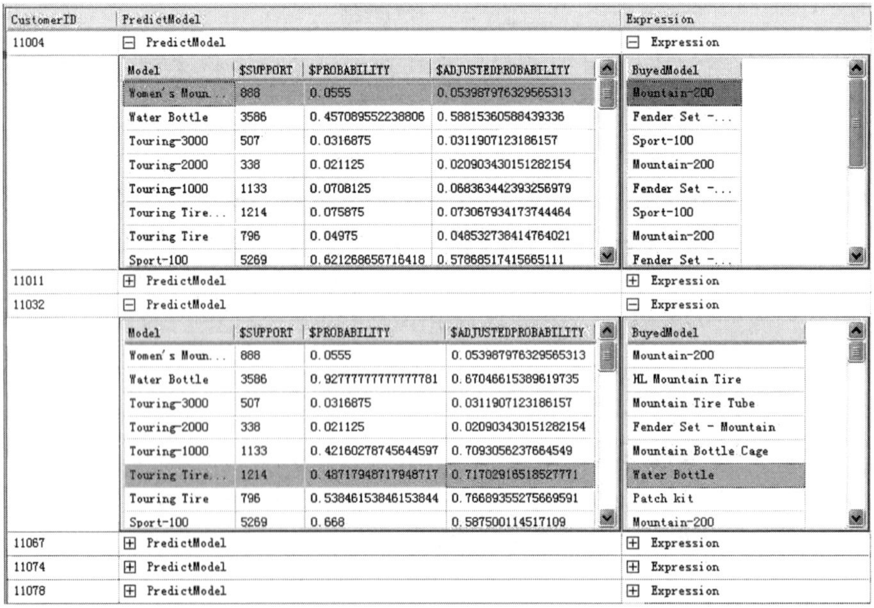

图 6-20　关联规则预测结果

CustomerID	PredictModel	PredictModelPROBABILITY
11004	Cycling Cap	0.1165
11004	Classic Vest	0.030125
11004	Bike Wash	0.04825
11004	All-Purpose Bike Stand	0.01375
11011	Women's Mountain Shorts	0.0555
11011	Water Bottle	0.5
11011	Touring-3000	0.0316875
11011	Touring-2000	0.021125
11011	Touring-1000	0.46774193548387094
11011	Touring Tire Tube	0.075875
11011	Touring Tire	0.04975
11011	Sport-100	0.621268656716418
11011	Short-Sleeve Classic Jersey	0.086125000000000007

图 6-21　预测结果导出表

预测查询语句如图 6-22 所示。

```
SELECT
  (t.[CustomerKey]) as [CustomerID],
  (Predict([Is Lost])) as [IsLost],
  (PredictProbability([Is Lost])) as [IsLostProbability]
From
  [CLDecisionTree]
PREDICTION JOIN
  OPENQUERY([Adventure Works DW],
    'SELECT
      [CustomerKey],
      [CustomerLifetime_Day],
      [LastOrder_Day_Num],
      [AverageMoney_By_Order],
      [AverageMoney_By_Year],
      [AverageOrder_By_Year],
      [Order_AverageDays],
      [TotalOrders],
      [Products_Num],
      [YearNum]
    FROM
      [dbo].[CustomerLoyaltyPredict]
    ') AS t
ON
  [CLDecisionTree].[Customer Lifetime Day] = t.[CustomerLifetime_Day] AND
  [CLDecisionTree].[Last Order Day Num] = t.[LastOrder_Day_Num] AND
  [CLDecisionTree].[Average Money By Order] = t.[AverageMoney_By_Order] AND
  [CLDecisionTree].[Average Money By Year] = t.[AverageMoney_By_Year] AND
  [CLDecisionTree].[Average Order By Year] = t.[AverageOrder_By_Year] AND
  [CLDecisionTree].[Order Average Days] = t.[Order_AverageDays] AND
  [CLDecisionTree].[Total Orders] = t.[TotalOrders] AND
  [CLDecisionTree].[Products Num] = t.[Products_Num] AND
  [CLDecisionTree].[Year Num] = t.[YearNum]
```

图 6-22　决策树预测查询语句

图 6-23 中，Customer ID 为客户 ID，它唯一标识了企业每一位客户；Is Lost 为利用决策树预测结果，当 Is Lost 为 "0" 时，表示客户会流失，当 Is Lost 为 "1" 时，表示客户不会流失；Is Lost Probability 为 Is Lost 状态（0 或 1）的预测概率。

CustomerID	IsLost	IsLostProbability
11393	0	0.99957133575796553
11399	0	0.99957133575796553
11454	1	0.9999581341524828
11462	1	0.9999581341524828
11464	1	0.99992980649111507
11538	0	0.99962428012157467
11559	0	0.99957133575796553
11567	0	0.99957133575796553
11580	0	0.99957133575796553
11617	1	0.87874823653262224
11629	1	0.87874823653262224
11664	1	0.99992980649111507
11674	1	0.99048376831076967
11675	0	0.99962428012157467
11681	1	0.99999471403863915
11711	1	0.99999874493242724
11751	1	0.99992980649111507
11753	1	0.99687288873777835
11769	1	0.99999874493242724
11781	1	0.99999471403863915
11809	1	0.99998022936117614
11811	0	0.99957133575796553
11815	1	0.99992980649111507
11822	1	0.99048376831076967
11837	1	0.99992980649111507

图 6-23　决策树预测查询结果

6.4　客户分类结果

6.4.1　客户现有价值的评价

根据 Model 的成本数据，计算出 Model 的平均利润。客户现有价值就等于该客户已经购买的所有 Model 的利润之和。客户现有价值得出之后，现有价值大于或等于所有客户的平均现有价值，则该客户的现有价值设置为 "High" 即现有价值高，否则，设置为 "Low"，即现有价值低。Model 成本见表 6-2。

表 6-2　Model 成本

Model	Model 名称
Unit Price	单价
Extended Amount	总价
Unit Price Discount Pct	单价折扣
Discount Amount	折扣总额
Standard Cost	标准成本
Total Cost	总成本
Sales Amount	销售总额
Tax Amt	税收
Freight	运费

其中，Model 利润用如下公式计算：

$$Model\ Profit = Sales\ Amount - Discount\ Amount - Total\ Cost - Tax\ Amt - Freight$$

$$(6\text{-}10)$$

于是得到 Model 的利润表（见图 6-24）。

Model	ModelProfit
All-Purpose Bike Stand	75.6605
Bike Wash	69.0372
Classic Vest	87.2450
Cycling Cap	80.4455
Fender Set - Mountain	113.5484
Half-Finger Gloves	69.1415
Hitch Rack - 4-Bike	109.3296
HL Mountain Tire	107.0013
HL Road Tire	69.4218
Hydration Pack	104.1149
LL Mountain Tire	18.0991
LL Road Tire	25.5418

图 6-24　Model 利润表

客户现有价值分类结果如图 6-25 所示（High 为高，Low 为低）。

6.4.2　客户潜在价值的评价

根据客户已购买的 Model，运用关联规则算法已经得出客户未来可能购买的

CustomerKey	NowValue	NowValueClass
11004	2133.6040	High
11011	953.6124	High
11032	5788.4739	High
11067	195.6002	Low
11074	1360.4337	High
11078	3971.5520	High
11079	877.8993	High
11117	3945.7966	High
11142	4719.6649	High
11143	818.8958	Low

图 6-25　客户现有价值分类结果

Model 及购买概率（见图 6-19 预测结果导出表），则客户的潜在价值就等于未来可能购买的 Model 利润和购买概率的乘积之和，计算公式如下：

$$V_i = \sum_{j=1}^{n} prob_{ij} \times profit_{ij} \qquad (6\text{-}11)$$

式中，V_i 为客户 i 的潜在价值；$prob_{ij}$ 为客户 i 未来购买 Model j 的概率；$profit_{ij}$ 为客户 i 购买 Model j 企业所能获得的利润或净收益，即前面的计算得出 Model Profit 。

　　客户潜在价值得出之后，潜在价值大于或等于所有客户的平均潜在价值，则该客户的潜在价值设置为 "High"，即潜在价值高，否则，设置为 "Low"，即潜在价值低。客户潜在价值分类结果如图 6-26 所示（High 为高，Low 为低）。

CustomerKey	PotentialValue	PotentialValueClass
11004	555.5384	High
11011	542.9282	High
11032	1056.0497	High
11067	281.8235	Low
11074	1251.9921	High
11078	1588.0874	High
11079	722.6235	High
11117	822.0844	High
11142	1377.6763	High
11143	520.0308	High

图 6-26　客户潜在价值分类结果

6.4.3 客户忠诚度的评价

由前面客户忠诚度决策树算法挖掘结果（见图 6-23 决策树预测查询结果）可知，当预测属性 Is Lost 为"1"（表示该客户没有流失）时，该客户忠诚度高（High）；当预测属性 Is Lost 为"0"（表示该客户已经流失）时，该客户忠诚度低（Low）。客户忠诚度分类结果如图 6-27 所示（High 为高，Low 为低）。

CustomerKey	IsLost	LostProbability	LoyaltyClass
11289	1	0.99992980649111507	High
11294	1	0.99048376831076967	High
11316	0	0.99957133575796553	Low
11362	1	0.99687288873777835	High
11370	1	0.99048376831076967	High
11379	0	0.999998685654289	Low
11382	0	0.95105061496172094	Low
11387	1	0.99992980649111507	High
11393	0	0.99957133575796553	Low
11399	0	0.99957133575796553	Low

图 6-27 客户忠诚度分类结果

6.4.4 客户分类结果

根据客户的当前价值、潜在价值和客户忠诚度的高低，把客户分为八类，最终的分类模型如图 1-1 所示。

预测数据的客户最终细分结果（Class 属性）如图 6-28 所示。

从以上分析我们可以把客户分为八种类型：高现值—高潜值—高忠诚度（Class1）、高现值—高潜值—低忠诚度（Class2）、高现值—低潜值—高忠诚度（Class3）、高现值—低潜值—低忠诚度（Class4）、低现值—高潜值—高忠诚度（Class5）、低现值—高潜值—低忠诚度（Class6）、低现值—低潜值—高忠诚度（Class7）、低现值—低潜值—低忠诚度（Class8）。

上述预测分析中，输入客户共 1412 人，其中 Class1～8 类客户分别为 225、147、42、69、40、58、55、776 名，所占比重分别为 15.93%、10.41%、2.97%、4.89%、2.83%、4.11%、3.90%、54.96%。

Custom...	NowValue	Potential...	I...	LostPro...	NowValue...	PotentialV...	LoyaltyClass	Class
11246	2026.8998	1021.756	1	0.99992...	High	High	High	Class1
11266	2154.9016	578.6502	1	0.99992...	High	High	High	Class1
11280	790.3182	362.4003	1	0.99048...	Low	Low	High	Class7
11283	680.7114	316.6286	1	0.99048...	Low	Low	High	Class7
11284	953.2689	357.5516	1	0.99048...	High	Low	High	Class3
11289	2062.2416	315.4798	1	0.99992...	High	Low	High	Class3
11294	57.4158	272.5756	1	0.99048...	Low	Low	High	Class7
11316	759.3478	297.5377	0	0.99957...	Low	Low	Low	Class8
11362	223.6825	396.5447	1	0.99687...	Low	High	High	Class5
11370	195.5471	402.0370	1	0.99048...	Low	High	High	Class5
11379	1449.1764	279.2333	0	0.99999...	High	Low	Low	Class4
11382	275.5590	279.2333	0	0.95105...	Low	Low	Low	Class8
11387	1673.5280	755.0514	1	0.99992...	High	High	High	Class1
11393	357.0814	358.0561	0	0.99957...	Low	Low	Low	Class8
11399	357.0814	358.0561	0	0.99957...	Low	Low	Low	Class8
11454	959.9866	434.1998	1	0.99995...	High	High	High	Class1
11462	1350.3772	556.2267	1	0.99995...	High	High	High	Class1
11464	2794.1132	728.7264	1	0.99992...	High	High	High	Class1
11538	778.2148	279.2333	0	0.99962...	Low	Low	Low	Class8
11559	93.9514	272.5756	0	0.99957...	Low	Low	Low	Class8
11567	90.7643	272.5756	0	0.99957...	Low	Low	Low	Class
11580	93.9514	272.5756	0	0.99957...	Low	Low	Low	Class8
11617	1319.9283	309.7225	1	0.87874...	High	Low	High	Class3
11629	1449.1764	279.2333	1	0.87874...	High	Low	High	Class3
11664	2079.4392	419.9577	1	0.99992...	High	High	High	Class1

图 6-28 客户分类结果

6.5 市场策略

根据分类结果，不同类别客户具有不同价值和忠诚度，分别采用不同的市场营销策略：

高现值—高潜值—高忠诚度（Class1）：这是公司的"黄金客户"，既有大量的现金流入，也有巨大的开发潜力，且客户满意很高，相对稳定，未来公司应加大对该市场的产品投入，以及加大对该市场的产品交叉销售，时刻关注客户满意度的变化，保持客户较高忠诚度。

高现值—高潜值—低忠诚度（Class2）：这是企业开发的"主攻方向"，该市场目前和未来都具有巨大的开发价值，但客户满意和忠诚度较低，极易流失到竞争对手那里，企业应增强对客户需求的进一步了解，根据客户需求及消费特点，重新调整和改善企业的产品、营销渠道、售后服务等，加大促销力度，提高客户满意和忠诚度，使该类型客户向高现值—高潜值—高忠诚度客户转变。

高现值—低潜值—高忠诚度（Class3）：这类客户需对其潜值做进一步分析，若是客户生命周期已尽导致的潜值降低，属正常现象，不采取任何行动。若是对客户进一步的行销活动很少导致，则应加大对客户的交叉销售，提高客户潜值。

高现值—低潜值—低忠诚度（Class4）：这类客户具有较高现值，但忠诚度较低，有两种情况：一种是客户生命周期已尽，这是正常情况，不用采取任何措施；另一种情况就是由于企业的原因导致客户满意下降，由原来的忠诚客户变为不忠诚。对后一种情况，企业应调查清楚导致客户满意度下降的因素，加以改善解决。

低现值—高潜值—高忠诚度（Class5）：这类客户也是企业重点开发的客户之一，客户对公司的产品或服务认同和满意度很高，但客户带来的现值很小，开发潜力很大，企业应加大对该客户的推销，开发客户需要的产品和购物渠道，变潜值为现值。

低现值—高潜值—低忠诚度（Class6）：这类客户虽有很大开发价值，但该客户对公司的产品或服务认同率很小，企业应对该类客户的开发价值和成本进行评估，若收益很大，应改善产品或服务，提高该类客户的满意和忠诚程度；若开发成本很大，应选择放弃。

低现值—低潜值—高忠诚度（Class7）：这类客户对公司的产品认同和满意度很高，但收入不高，对公司的产品消费不起。

低现值—低潜值—低忠诚度（Class8）：这类客户经常更换产品厂家，现在和未来能为企业带来的现金流入很少，而占用了企业大量的开发和维护费用，是企业的"淘汰客户"[7,8]。

参 考 文 献

[1] 白长虹. 客户价值论 [M]. 北京：机械工业出版社，2002.

[2] 吴开军. 客户分类方法探析 [J]. 工业技术经济，2003（6）：95~99.

[3] 罗纪宁. 市场细分研究综述：回顾与展望 [J]. 山东大学学报（哲学社会科学版），2003（6）：44~48.

[4] 李卫东，张桂芸，李欣，等. 利用数据挖掘方法分析客户忠诚度 [J]. 计算机与网络，2005（2）：59~61.

[5] Baloglu Cornell. Dimensions of Customer Loyalty：Separating Friends from Well Wishers [J]. Hotel and Restaurant Administration Quarterly. 2002（43）：47~59.

[6] Zhaohui Tang, Jamie Mac Lennan. 数据挖掘原理与应用 [M]. 北京：清华大学出版社，2007.

[7] 赵国庆. 客户关系管理中的客户分类方法研究 [J]. 安徽机电学报，2001（4）：51~55.

[8] Su-Yeon Kim, Tae-Soo Jung, Eui-Ho Suh, Hyun-Seok Hwang. Customer Segmentation and Strategy Development Based on Customer Lifetime Value：A Case Study [J]. Expert Systems with Applications, 2006（31）：101~107.

7 分形理论在虚拟商店评价中的应用

7.1 引言

以通信技术、计算机技术和网络技术为代表的信息技术革命把人类带入了网络经济时代，互联网已经走进了千家万户，成为了我们生活、娱乐、学习、购物的好去处。同时我们的生活消费方式也正在悄然地发生着改变，网上购物已经从当初的时尚消费走进了寻常百姓家，电子商务对我们来说已经不再陌生。

摩根士丹利董事、总经理玛丽·米克在 2004 年发布的《中国互联网报告》中指出，"投资者仍然低估了互联网在改变全球商业模式和消费者行为方面将会产生的影响———我们相信中国将成为证明这一论点的市场。"中国互联网络信息中心（CNNIC）2008 年 7 月发布的《中国互联网络发展状况统计报告》显示，截至 2008 年 6 月底，中国网民数量达到 2.53 亿，网民规模已跃居世界第一位，但是普及率只有 19.1%，仍然低于全球平均水平的 21.1%。网络购物使用率为25.0%，规模为 6329 万人，但比起韩国的 57.3% 和美国的 66% 仍有很大差距。这说明了我国的电子商务发展还比较落后，同时也说明了我国电子商务存在巨大的市场潜力。推动我国电子商务发展的主要动力是 B2B、B2C 和 C2C，但对于我们普通大众来说网上购物最主要的去处还是以 B2C 为代表的虚拟商店，虽然这些虚拟商店整体规模不是很大，但他们良好的发展势头已初现端倪。随着我国网民数量的不断增多，网上购物的人数比例不断提高，可以预见在不久的将来虚拟商店会像今天的连锁超市一样普遍，并且逐渐形成规模，逐步取代传统的商店也是很有可能的。

管理大师德鲁克曾说过"你不能评价就无法管理"，可见评价对管理的重要性，尤其是绩效评价，经营了一段时间要对自己的经营成果做一个考核和评价，这样才能查出以往经营的不足之处，并改善之，使整个经营管理过程更趋于科学完善。虚拟商店作为一个新生的事物，更需要进行绩效评价，在评价过程中不断发现问题解决问题，从而改善提高经营管理，不断发展壮大。

很多学者对企业绩效评价都做了研究，但是对虚拟商店绩效评价的研究几乎没有，正是在此背景下，本章对虚拟商店绩效评价进行探讨。本章从网站质量、信息发布、商务功能、学习创新、企业文化、财务绩效等几个方面构建虚拟商店绩效评价指标体系，并引入混沌数学中的分形分维方法，构建虚拟商店绩效评价模型，最后选取三个虚拟商店进行绩效评价实证研究。本研究对自我评价的虚拟商店具有指导借鉴作用，帮助虚拟商店更好的经营管理，同时也能给以后研究虚拟商店的学者提供一些参考。

7.2 相关理论概述

7.2.1 绩效评价的内涵

7.2.1.1 绩效

绩效一词来源于英文"performance"。西方国家对企业绩效相关理论的研究起步较早，关于绩效的定义就有很多不同观点，综合起来主要有三种：一是以结果为导向定义绩效；二是以行为为导向定义绩效；三是以结果和行为为导向综合起来的绩效定义。Bates 和 Holton（1995）指出，"绩效是一多维建构，测量的因素不同，其结果也会不同"。Bernadin 等（1995）认为，"绩效应该定义为工作的结果，因为这些工作结果与组织的战略目标、顾客满意感及所投资金的关系最为密切"；Kane（1996）指出，绩效是"一个人留下的东西，这种东西与目的相对独立存在"。Bernadin 和 Kane 就属于以结果为导向的观点。Murphy（1990）给绩效下的定义是"绩效是与一个人在其中工作的组织或组织单元的目标有关的一组行为"[1]；Campbell（1990）指出，"绩效是行为，应该与结果区分开，因为结果会受系统因素的影响"。Murphy 和 Campbell 就是以行为为导向定义绩效的。Brumbrach（1988）给绩效下的定义是，"绩效指行为和结果。行为由从事工作的人表现出来，将工作任务付诸实施。行为不仅仅是结果的工具，行为本身也是结果，是为完成工作任务所付出的脑力和体力的结果，并且能与结果分开进行判断"。他认为绩效指行为和结果。

国内冯丽霞认为（2002）：企业绩效可从两方面来理解：一种是以结果为导向的绩效，它是指在特定的时间内，由特定的工作职能或活动产生的产出记录；一种是以行为为导向的绩效，它是指与企业目标有关的、可以按照个体的能力（即贡献程度）进行测量的行动或行为。马璐认为（2004）：企业绩效包括经营绩效和管理效率。前者是指管理者在经营管理企业过程中对企业的生存与发展所取得的成果、所做出的贡献。后者是指在获得经营绩效过程中所表现出来的盈利能力和核心竞争能力。财政部统计评价司认为企业效绩是指一定经营期间的企业经营效益和经营者业绩。

综合以上各种观点可以看出，企业绩效具有双重含义：一是企业绩效既包含企业一定时期的经营效益又包含企业一定期间经营与管理的效率；二是企业绩效既包含了对企业一定期间经营成果的考察，又包含了对企业经营管理者一定期间经营管理成效的考察。

7.2.1.2 评价

张蕊认为（2002）：评价是指人们为达到一定目的运用特定的指标和标准，采用特定的方法，对人和事做出价值判断的一种认识过程[2]。张兆国认为（2002）：评价是指根据确定的目的来测定对象系的属性，并将这些属性变为客观定量的计值或主观效用的行为。它是人类认识水平发展到一定阶段的产物，是主体发现客体价值，揭示客体价值，运用客体价值的一种有效方法。评价有四种功能：判断、预测、选择、导向，其中导向功能居于核心地位，其他三种功能是导向功能的基础和过程。

评价活动在社会经济活动中时时存在，任何人和事人们都可以对其进行评价。需要指出的是，不同的人由于其认识能力不同、价值标准各异、评价方法的不同，所得出的主观评价结果与客观实际存在着不同的差异。人的认识能力越强，越能遵循公认的价值准则和采用科学的评价方法，所形成的评价结果就越接近客观实际。所以，要对人和事做出正确的客观评价，就必须提高认识能力、遵循公认的价值准则、研究和设计科学的评价指标体系，采用科学的评价方法。

7.2.1.3 绩效评价

财政部统计司认为（1999）：效绩评价是指运用数理统计和运筹学方法，采用特定的指标体系，对照统一评价标准，按照一定程序，通过定量、定性对比分析，对企业一定经营期间的经营效益和经营者绩效，做出客观、公正和准确的综合评判。孟建民认为（2002）：效绩评价是对企业占有、使用、管理与配置经济资源的效果进行评判，通过对企业经营成果和经营者绩效的评判，所有者可以决定企业下一步的发展战略，核查契约的履行情况，也可以根据企业效绩评价结果进行有效决策，引导企业改善经营管理，促进提高经济效益水平。

企业绩效评价是指运用计量经济学原理和现代分析技术，采用特定的指标体系，对照统一的标准，按照一定的程序，通过定量定性对比分析，对企业一定经营期间的经营效益和经营效率，做出客观公正的综合判断[3]。

张蕊认为（2002）：企业经营绩效评价就是为了实现企业的生产经营目的，为了特定的指标和标准，采用科学的方法对企业生产经营活动过程做出的一种价值判断，其核心是比较所费与所得，力求用尽可能小的所费去获得尽可能大的所得。

通常情况下人们对绩效好坏的评价判断是通过比较形成的，常用的比较形式有：（1）与过去比较；（2）与预期目标比较；（3）与特定的参照群体比较；（4）代价比较。总之，绩效评价就是通过比较分析方法对组织或个人进行某事的能力、方式、过程和结果加以评判的过程。

7.2.2　虚拟商店绩效评价要素

　　虚拟商店是一个复杂的系统，是人、资本、技术、物品等各要素的有机组合，它不断地与外界发生着物质、资金、信息的交换。因此，虚拟商店绩效评价是一个复杂的系统工程，必须综合各方面因素进行评价。虚拟商店绩效评价系统主要由以下几个基本要素构成：

　　（1）评价主体。评价主体又称为评价组织机构，是评价行为的组织发动者。企业绩效评价体系是从出资人角度出发、满足出资人监管需要而设计的[4]。从企业绩效评价的历史演进来看，其评价的对象在不同时期是不相同的，陈共荣、曾俊将企业绩效评价主体的演进过程分为三个阶段[5]：1）一元评价主体时期；2）二元评价主体时期；3）多元评价主体时期。各不同评价主体的比较如表 7-1 所示。

表 7-1　不同评价主体的比较

评价项目	一元评价主体	二元评价主体	多元评价主体
评价范围	经营成果	经营成果、经营过程	价值创造过程
评价目标	利润最大化	股东财富最大化	企业价值最大化
评价指标	简单财务指标	财务指标	财务指标、非财务指标
典型方法	尚未形成	杜邦分析法	BSC 、EVA 等

　　虚拟商店作为一个新生的现代企业，其评价主体既包括系统内部本身也包括系统外部实体，一元或二元的评价已不能真实地反映其绩效，所以对其进行评价的时候应实行评价主体多元化，评价主体从内部本身应扩展到包括出资人、管理者、员工、客户、供应商、消费者在内的众多利益相关者。

　　（2）评价客体。评价客体是指实施评价行为的对象。任何客体都是相对于确定的主体而言的，它由主体的需要而决定。虚拟商店经营业绩评价的客体由虚拟商店相关利益方的需要所决定，虚拟商店绩效评价的客体由出资人的需要决定，如以虚拟商店的经营效益为评价对象，评价内容包括经济效益、发展潜力、增长速度等。

　　（3）评价指标。评价指标是指根据评价目标和评价主体的需要而设计的、以指标形式体现的能反映评价对象特征的因素，是实施虚拟商店绩效评价的基础和客观依据。反映虚拟商店经营状况好坏的因素有财务方面的，如销售利润率、总资产报酬率等；也有非财务方面的，如客户服务、网站质量、企业文化等。它可以定量指标反映，也可以定性指标反映。实施虚拟商店绩效评价必须以指标为基础和客观依据，如果没有反映虚拟商店绩效方面的指标，评价就不可能进行，如何将反映虚拟商店绩效的因素准确地体现在各项具体指标上，是绩效评价系统设计的重要问题。

（4）评价目标。评价目标是进行绩效评价的理由，所回答的是为什么要进行评价，评价要达到一个什么样的结果，它是整个评价系统运行的指南和目的。绩效评价实质上是虚拟商店经营管理的一部分，绩效评价目标应当和虚拟商店经营总体目标相协调。它具体包括两部分内容：一是对虚拟商店一定经营期间整体绩效优劣进行判断；二是对虚拟商店经营者一定经营期间的绩效优劣进行判断。同时，绩效评价是建立激励与约束机制的基础和实施手段，可以引导虚拟商店管理者和员工自觉地为实现虚拟商店的目标而努力。

（5）评价对象。评价对象就是评价行为实施受体，包括被评价的虚拟商店和虚拟商店经营者两个方面，但两方面的受体不可能截然分开，两方面都是主要依据虚拟商店的财务会计资料、管理控制资料等，只是各有侧重而已。评价对象是一个变动的范畴，由评价组织机构根据实施评价的目的、范围等具体的评价目标来确定。

（6）评价标准。评价标准是评价工作的基本准绳，也是客观评判评价对象优劣的具体参照物和对比尺度。制定评价标准是实施虚拟商店绩效评价的前提，虚拟商店绩效评价指标分为定量指标和定性指标，因此，虚拟商店绩效评价标准分为定量标准和定性标准两大类。定量标准包括预算标准、历史标准、客观标准、经验数据标准和竞争对手标准。评价标准是在一定前提条件下产生的，随着社会的进步和经济的发展以及外界条件的变化，绩效评价的目的、范围和出发点也会发生变化，作为评价判断尺度的评价标准也相应会发展变化。但在特定的时间和范围内，评价标准必须具有相对的稳定性。

（7）评价报告。评价报告是评价工作组完成企业经营绩效评价后，向评价组织机构提交的说明评价目的、评价程序、评价标准、评价依据、评价结论以及评价结果分析等基本情况的文本文件，也是虚拟商店绩效评价工作最终成果的体现。以上各要素互相联系、互相影响，共同组成一个完整的绩效评价系统。对于同一评价对象，不同的评价主体有不同的评价目标，相应地要选择不同的指标和标准，报告内容也不同。

7.2.3　虚拟商店绩效评价的目的

结合虚拟商店自身的特性，本章对虚拟商店进行的是多维评价，实施评价主体的多元化，这样才能更好地发挥绩效评价的作用，综合来说虚拟商店绩效评价的目的主要有以下几点：

（1）有利于增强虚拟商店竞争力。虚拟商店绩效评价能够客观地反映虚拟商店的财务状况、网站质量、信息发布、长期发展能力、创新能力、产品市场状况、顾客反映等经营行为。将虚拟商店绩效评价结果与其他虚拟商店相比较，能够反映虚拟商店在同行业中所处的水平，并通过具体指标结果和标准的对比，分析虚拟商店存在的差距和问题。将虚拟商店自身的评价结果进行纵向比较能够发现不足，及时调整战略目标，改善管理，提高虚拟商店竞争力。

（2）有利于客观衡量虚拟商店经营者的业绩。随着市场经济的发展，高层管理人员素质和能力的高低很大程度上决定着企业的兴衰。通过开展虚拟商店绩效评价，可以对虚拟商店经营者业绩进行全面、正确的考核，为组织进行奖惩、任免提供客观依据，有利于虚拟商店高管人员的优胜劣汰，从而使虚拟商店的经营更有活力。

（3）有利于提高虚拟商店形象、扩大市场份额、增加投资。虚拟商店将完整客观的绩效评价结果提交有关方面参考或公之于众，一方面可以在消费者中加大虚拟商店的宣传作用，增加市场份额；另一方面可以揭示虚拟商店内在价值，提供投资决策的依据，虚拟商店投资者、管理咨询机构和社会公众都可以依据绩效结果作出相关的投资决策。

7.2.4 虚拟商店绩效评价的影响因素

虚拟商店的绩效会受到很多方面的影响，这些影响因素既有内部的又有外部的，但总体来说内部的影响因素最重要，按照因果辩证法，外因是通过其内因作用的，外部影响因素也都是通过影响改变内部因素而起作用。所以在考虑绩效评价影响因素的时候，主要以内因为主，但也要综合考虑外因。虚拟商店绩效评价的主要影响因素有以下几个：虚拟商店网站质量和信息发布能力、虚拟商店经营管理能力、虚拟商店学习创新能力、虚拟商店文化因素能力。

7.2.4.1 虚拟商店网站质量和信息发布能力

网站是虚拟商店的门户，是其经营的店面，是虚拟商店与消费者之间信息沟通的纽带，也是虚拟商店信息发布与接收的窗口。对于传统的商店或企业来说，网站是其适应新经济条件下的新措施和新营销手段，可以提高企业知名度和顾客的认知感。对虚拟商店的产品介绍、消费者认知、产品体验以及整个购物过程都是在网站这个载体上进行的，没有网站也就没有虚拟商店，也就谈不上虚拟商店的经营和绩效了。

可见，网站对于虚拟商店绩效的重要性是不言而喻的，网站质量状况直接影响着虚拟商店的绩效。比如网站的安全性做得不好，经常受到黑客攻击或病毒的侵扰，从而使系统不能正常工作，客户在打开页面时速度慢，操作费时，这些都会严重影响消费者的购物心情，消费者等不耐烦的时候或许就放弃在此虚拟商店购物了；消费者在线支付的时候，虚拟商店不能提供安全的环境，则会直接影响消费者的购买欲望，从而影响虚拟商店的绩效。

另外，页面的美观度、色彩的设置和页面的布局等，无形中加深了消费者对虚拟商店的认识，一个设置具有美感的页面能使消费者赏心悦目，心情自然也就比较愉悦，潜移默化会增加他们的消费欲望。

信息发布主要是指虚拟商店对产品的更新说明、产品的推荐介绍、消费者的优惠措施或者是公司发展的动态等内容。通过信息发布，使消费者能及时地了解虚拟商店的最新动态、新近产品或服务等。信息发布能力强的虚拟商店能促使消费者经常登录、浏览、购买。以较低的成本营销产品，实现网络经济里的边际成本递减和边际效益递增的效果。

7.2.4.2 虚拟商店经营管理能力

虚拟商店的经营管理能力是指虚拟商店在合适的规模下，通过对内各部门、各经营活动进行计划、组织和协调，利用虚拟商店资源，向社会提供产品或服务并取得收益和竞争优势的综合素质的外在表现。具体包括战略管理能力、市场营销能力、业务过程管理能力三大基本能力。卡普兰与诺顿在平衡计分卡中，从市场与企业内部业务过程两个方面来评价企业绩效，他们对市场与企业内部业务过程评价的内容实质上就是评价企业经营管理能力的内容。

虚拟商店经营管理能力是虚拟商店管理人员必备的能力，在刻画一个管理者的特点和形象时，经营管理能力是其最核心的素质和最亮丽的色彩，是一个虚拟商店经营好坏的关键。虚拟商店有着很强的经营管理能力，预示着这个虚拟商店在经营和管理方面做得很好，虚拟商店的内部比较协调、经营良好、管理到位、有着很好的发展前景。

经营管理能力是虚拟商店生存发展的基本能力，在其经营过程中，输入资源，经过一系列转换过程后售出产品或服务，而这个转换过程就是虚拟商店经营管理过程，经营管理能力的强弱直接决定着虚拟商店输出产品或服务被市场认可的程度。经营管理能力是直接影响虚拟商店绩效的基础层因素，是其他影响因素对企业绩效产生影响的工具和中介。

7.2.4.3 虚拟商店学习创新能力

学习创新是指虚拟商店从整体出发，以市场为导向，以技术为主线，以增强竞争优势和获取商业利益为目标，不断提升创造性思维，开发新产品、新工艺、新服务，开辟新市场，开拓新领域，整合新资源，建立新组织等一系列活动的综合过程。虚拟商店学习创新能力是指虚拟商店在这个综合过程中表现出来的能力，包括人力资源竞争力、研究开发能力和创新实现能力三项主要能力。

组织创新能力是动态能力的基础，创新是一种个人和组织的自我更新，创新的本质在于依据虚拟商店独特的愿景和使命重新创造一个新境界，一旦组织中的个人对新的愿景有所承诺，就会主动参与新知识的创造，由此形成一种组织能力，即创新能力。良好的创新能力有助于虚拟商店动态能力的建立，帮助虚拟商店应对外界的竞争，建立独特的竞争优势。

虚拟商店的发展必须不断地创新，持续地做市场研究、应用研究、开发研究和生产研究，在潜在市场中，了解消费者的需求，提供更多符合消费者需求的新产品和服务。换言之，具有创新能力是虚拟商店发展的必要条件，只有具备创造力的人，才能产生创新力。对虚拟商店管理部门而言，找出影响员工创新力发挥的主要因素，创造有利的环境，对提升创新力及促进创新活动有正面影响；若再辅以积极有效的创新管理，则有助于组织创新能力的建立和积累。

在虚拟商店所有的资源中，人是最宝贵的资源，也是虚拟商店最活跃的因素，只有通过人的主观努力和学习创新，才能使技术创新、管理创新和制度创新分别对虚拟商店的组织管理效率发生影响，克服经营过程中暴露出的某些薄弱环节，使虚拟商店的经营管理能力得到加强，虚拟商店绩效随之提高。所以，虚拟商店绩效就是通过人这一活资源的学习创新能力实现的。

7.2.4.4　虚拟商店文化因素能力

美国学者约翰科特和詹姆斯·赫斯克特认为，企业文化"是指一个企业中各个部门，至少是企业高层管理者们所共同拥有的那些企业价值观念和经营实践，是企业中一个分部的各个职能部门或地处不同地理环境的部门所拥有的那种共通的文化现象。"[6]

企业文化对于企业实现自身目标的意义，被越来越多的企业界所认识，这也促使了企业文化的不断发展。社会上各界人士都生活在一定的组织中，都在同组织打交道，组织心理学和社会学为了解组织中个人行为和组织形成自身结构的方法提供了许多有用的指导思想。但对解释企业为什么和怎样成长、变化的却往往感到无能为力。企业文化理论则可以阐明这一为其他理论所无法解释的问题。企业文化是企业立身于社会所必需的精神支柱，它不仅能够解释企业内部的运行情况，而且还能向企业家、企业管理的领导者指出什么是企业最重要的问题。企业文化是由企业家和企业的领导阶层创造的，企业家的一个重要职能，就是创造、管理、改进和完善企业文化。

企业文化可以帮助企业管理者改善它的信息沟通、人际关系和决策的制定，可以帮助企业创造新的气氛，以适应竞争日趋剧烈的企业环境，形成高度灵活的应变能力。企业文化是在一定的民族文化、道德、伦理文化背景下生成的，并在一定的企业中形成自己的个性，它是影响自己的成员思考、体验和行为的主要方式。

刘光明将文化的层次性及其与企业的联系制成图表加以分析[7]，如图 7-1 所示。并将企业文化分为三个层次来讨论。

A　企业行为层次

在企业中，文化最明显的表现是企业行为、企业的产品。现代企业文化建设的一个趋势是注重企业文化咨询的实际操作层面和可操作性。企业行为层次的实

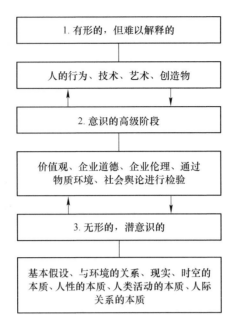

图 7-1 文化的层次性及其与企业的联系

际操作，包括企业文化及企业形象的群体和个体设计、企业文化建设咨询、宣传画册设计制作、影视专题片策划制作、形象咨询等。

企业文化以人为本。提高企业文化、企业形象，首先应当从提高作为企业的每个个体的内在修养、知识结构、学识水平和外在形象、言谈举止入手。

B 企业价值观层次

每个企业都有自己的价值目标，价值目标有高有低，有其不同的层次性，有的以利润为最高目标，有的不局限在赚取最大利润上，而是形成一种确定的理念，使企业的工作具有超出赚钱的更高的价值。兰德公司调查 500 家大公司发现其中百年不衰的企业一般遵循以下四条原则：人的价值高于物的价值；共同价值高于个人价值；社会价值高于利润价值；用户价值高于生产价值。

C 员工行为和企业价值观的统一

当解决某一问题的方法反复地起作用，且被认为是理所当然时，这样就进入了自觉、无意识、潜意识状态中。我们只有把规范、准则化为企业全体员工的自觉行为，企业设定的价值观才能得以贯彻。企业员工只有自觉地履行企业规定的准则和规范，员工行为和企业价值观才达到了真正的统一。

"欲灭其国，先灭其文化。"可见文化对于一个民族一个国家的重要性。文化是一个民族发展的载体，是其持续发展的源泉和动力。同样对于虚拟商店来说，文化也是非常重要的，只有构建良好文化的虚拟商店才能不断地发展壮大，才能在竞争激烈的市场经济中持续发展，没有文化氛围的虚拟商店最终要被淘汰。虚拟商店文化管理是虚拟商店管理的最高层次，是虚拟商店长久持续发展的必要条件，是基业长青的保证。虚拟商店的经营管理能力、学习创新能力再强，如果文化管理不好，虚拟商店的发展壮大最终要受到文化发展的局限。文化是虚拟商店核心能力的"软"影响因素，虽然并不直接影响虚拟商店的绩效，但是通过其他因素间接影响虚拟商店的绩效。而且，这种影响不是快速而是一种缓慢的过程。

7.2.5 虚拟商店绩效评价指标选取原则

虚拟商店绩效评价有必要设计多层次的、结构复杂的评价指标体系，虚拟商店绩效评价指标体系是为评价虚拟商店经营绩效提供依据，它随虚拟商店经营环境的变化和管理要求的改变而发生变化，一个完善的指标体系能够真实客观地反映虚拟商店的绩效。虚拟商店绩效的考核应从多角度多层面切入，指标设计尽可能全面和把握重点，虚拟商店的每一个指标都有其产生的背景和影响范围，如何准确把握住这些指标是设计完善的评价指标体系的关键，是能否准确、客观反映虚拟商店绩效的基本点。所以，在选择虚拟商店绩效评价指标时需要一个标准，这个标准就是虚拟商店绩效评价指标的基本原则，如果没有这一基本原则做指导，绩效评价将非常困难。为保证评价结果的客观、公正、准确，虚拟商店绩效评价指标体系的设计应遵循以下基本原则：

（1）科学合理性原则。指标体系的科学性是确保评估结果准确合理的基础，一项评估活动是否科学很大程度上依赖其指标、标准、程序等方面是否科学。因此，设计虚拟商店绩效评估指标体系时要考虑到虚拟商店各元素及指标结构整体的合理性，从不同侧面设计若干反映虚拟商店经营与发展现状的指标，并且指标要有较好的可靠性、独立性、代表性和统计性。

（2）客观公正性原则。指标系统设计应能准确地反映虚拟商店活动的客观实际情况，根据虚拟商店的实际情况设置指标，尽量做到客观公正，克服因人而异的主观因素的影响，而且各项评价指标的定义尽可能明确，界限清晰。

（3）可比性原则。指标体系的设计必须充分考虑各虚拟商店间统计指标的差异，在具体指标选择上，应该是各虚拟商店共有的指标含义，统计口径和范围尽可能保持一致，以保证指标的可比性。不同虚拟商店在同一指标上的定义区间、数量化标准等应相同，相互间可加、可比或经换算后可加、可比。

（4）全面性与独立性原则。从多层次、多结构、多方面评价虚拟商店的绩效，设计指标体系应当全面，若只考虑某一方面或某几方面的因素而不考虑其他因素，则会造成不真实的评价结果。虚拟商店绩效评价指标的设置应尽可能做到多侧面、多方位，保证评价结果的科学性、正确性。

（5）重要性原则。影响虚拟商店绩效评价的因素是多方面的，但是不可能将所有的因素都列入指标体系中。因素过多则评价繁琐，不易进行，因此，在设定指标时一定坚持重要性原则，考虑关键的因素排除非重要因素。重要性原则有两层含义：其一是指全面性与重要性相结合原则。强调虚拟商店经营绩效评价指标体系从不同侧面和不同方面显示其经营业绩。因为，过于全面的指标体系会使虚拟商店绩效的评价变得模糊不清，所以，指标体系应该由能反映虚拟商店竞争优势的重要方面组成。其二是如果收集某项指标体系中不可或缺的重要指标的成本费用高，仍然需要收集评价该项指标。

（6）可操作性原则。可操作性主要是指指标项目有关数据收集的可行性以及指标体系本身的可行性。指标体系设计简明扼要、定义明确，在科学合理的基础上，既要考虑其比较、分析和综合评价的功能性，还要考虑绩效数据资料的可能性，使指标设计能够进行有效测度或统计。

（7）定性分析与定量分析相结合原则。描述虚拟商店的绩效不仅需要反映其经济方面的定量指标，还需要反映其特性程度及经验性的定性指标。指标体系的建立，定性与定量指标相结合保证整个系统评价的真实可靠性。

（8）可预测性原则。业绩评价反映的是过去的事情，而通过业绩评价可以判断虚拟商店业绩的未来趋势。业绩评价还是制定和调整虚拟商店发展战略的重要信息。

7.3 虚拟商店评价指标的构建

7.3.1 虚拟商店绩效评价内容

根据评价指标选取原则和虚拟商店评价指标体系的相关内容，本章从网站质量、信息发布、电子商务功能、客户服务、财务绩效、成长创新与文化建设等方面构建虚拟商店绩效评价指标体系。

7.3.1.1 网站质量

虚拟商店载体是网站，所以网站质量的好坏直接影响着虚拟商店的经营业绩。本章在设计网站质量指标体系的时候将其分为技术质量和网站设计两个子指标。

（1）技术质量。技术质量主要包括站点速度、系统安全性与稳定性、链接的有效性、浏览器兼容性等。

1）站点速度。它是客户访问虚拟商店的第一直观感觉，也是客户对虚拟商店的第一印象，所以站点速度的快慢对客户的影响很重要。如果一个站点的打开速度很慢，要让客户等很久的话，估计大多客户都会放弃这家虚拟商店而去另一家。所以在组建虚拟商店的时候应当采用速度快的服务器，采用新技术，随着技术设备的发展而不断更新设备和技术。

2）系统安全性与稳定性。系统的安全性和稳定性对虚拟商店来说也是一大考验，如今病毒越来越多，不仅数量多而且种类多，任何一个站点随时都有可能遭受攻击，一旦虚拟商店网站遭受黑客攻击或者中病毒而使系统瘫痪，那么虚拟商店将遭受沉重的打击。系统安全性是稳定性的基础，只有安全性做好了才有可能使系统稳定，在保证安全性的基础上提高系统的稳定性。

3）链接的有效性。网站交换链接是一种简单的网站资源合作形式，通过与合作伙伴之间互相链接达到互为推广的目的。交换链接的作用有以下几个方面：从合作伙伴的网站获得直接的访问量、增加用户浏览时的印象、在搜索引擎排名中增加优势、通过合作网站的推荐增加访问者的可信度等。交换链接的意义实际上已经超出了是否可以直接增加访问量这一范畴，比增加访问量更重要之处在于业内的认知和认可，一般来说，互相链接的网站在规模上比较接近，内容上有一定的相关性或互补性，只有经过对方的认可才可能将你的网站列为合作对象。因此，有效的链接对虚拟商店来说可以起到一个很好的宣传作用，但网站链接的有效性也受到具体操作方式差异的影响，并不是所有的链接都有意义，有时错误的链接还可能引起不必要的麻烦，所以要保证链接的质量和有效性，真正让网站链接发挥最大的价值。

4）浏览器的兼容性：虚拟商店的客户不可能用同一公司同一版本的浏览器，有的可能是 Google 浏览器，有的可能是遨游浏览器，有的可能是 IE11 浏览器，所以在进行网页设计的时候，要使你的网页能兼容各种版本的浏览器。

（2）网站设计。网站设计主要包括页面整体视觉效果、页面布局、网站结构、页面导航功能等子指标。

1）页面整体视觉效果。页面作为虚拟商店的门面，其设计也是非常重要的，一个设计良好的页面能使顾客感到心情愉悦。页面的设计要与自身特点相适应，页面整体视觉尤其重要，色泽度、简洁度和美观度。页面就像实体商店的店面一样，一个简洁、富有美感的店铺很容易吸引顾客光临。

2）页面布局。此指标像页面整体视觉效果一样给顾客一种视觉享受，布局合理的页面顾客能够直接感到赏心悦目，也能够直接吸引住顾客，同时顾客在逛虚拟商店的时候也更方便。

3）网站结构。网站越使用高性能的服务器、高性能的数据库、高效率的编程语言和高性能的 Web 容器，网站结构就越合理。

4）导航功能。此指标帮助顾客选择、购买商品。顾客即使不知道购物步骤，也可通过导航窗口的明确步骤，了解网上购物的整个流程。

7.3.1.2　信息发布

（1）产品信息。主要包括产品介绍、产品查询、产品评论、产品虚拟体验等几个子指标。

1）产品介绍。介绍产品的基本情况，产品介绍越详细越好，介绍的越详细，顾客对产品了解得越多。一般产品介绍应包括产品功能、产地、品牌、保质期、价格等情况。

2）产品查询。顾客想要的物品不一定在第一页，可能有很多同类产品，在同类产品中找出自己需要的可能要很长时间，所以就要有产品查询、检索功能，使顾客能很快的定位到自己想要的商品上，从而给顾客节省时间。一般查询包括模糊查询和精确查询。

3）产品评论。顾客对产品的反映，顾客消费了一种产品之后总会把这种产品和别的品牌的产品进行比较，用过之后都会有自己的评价，有了产品评价功能，顾客就能把自己对产品的评价写到上面，给以后逛虚拟商店的顾客以参考，使顾客能够买到更称心的商品。

4）产品虚拟体验。一些新产品或者顾客根本没有用过的产品，买的时候顾客总会有些顾虑，借助先进的计算机模拟技术可以使顾客进行虚拟体验，让顾客在虚拟现实中感受到产品的功用。

（2）信息更新。主要包括信息更新频率和个性化服务两个子指标。

1）信息更新频率。网站的信息更新频率包括两个方面：一是站点自身的信息更新频率，一般指单位时间内承载发布信息的网页的产生或变更速度。网页的产生即是网站中新页面的出现。二是站点搜索结果信息的更新频率，某一单位时间内搜索引擎对站点网页的搜索结果及信息刷新的速度。判断网页搜索结果展示信息刷新的三个因素分别为：标题、随机摘要描述和日期。其中任何一个因素发生变化，其搜索结果便发生变化。一般来说，站点自身信息的更新频率是影响站点搜索结果及信息更新频率的主要因素。

2）个性化服务。现在时尚一族都喜欢追求个性化，所以虚拟商店也要有相应的个性化服务，给客户以选择权和定制化服务，满足顾客的个性化需求。发展消费者需求的个性化技术与服务，除了可以建立网站的独特性、增加竞争能力外，更可以增加销售额，与用户建立良好的顾客关系，加强用户的忠诚度。

（3）经营业绩。此指标反映了虚拟商店的经营状况，主要包括交易额、网站流量统计、市场占有率等子指标。

1）交易额。包括一天的交易额，一周、一个月或者一年的交易额，或者一段时间之内各自的平均交易额，是经营状况的一个整体反映。

2）网站流量统计。对访问虚拟商店网站站点人数的统计，它可以反映一个虚拟商店的受关注程度，也反映了其客户或潜在客户的情况，网站流量越大说明了来访人数越多。根据具体的流量、点击量统计，观察访问量的峰值和低谷以及流量走势，可以分析顾客来访或购物的一些特点，从而更好地满足顾客需求。

3）市场占有率。反映虚拟商店在同行业中所处的位置，市场占有率越大，经营业绩越好，利润也越多。

7.3.1.3 电子商务功能

电子商务功能主要包括商务功能和商务功能的安全性两个子指标。

（1）商务功能。

1）在线订购与支付。虚拟商店的购物流程都是在网上进行的，选择好了你所需要的商品就要把它放到你的购物车里面，然后进行购买确认，实行在线支付，选择付费方式。

2）支付方式的多样化。很多客户最担心的就是支付方面的安全，担心在支付过程中被黑客盗走自己的银行密码，有的顾客对一些知名度不高的虚拟商店不信任，不敢实行在线支付，这就要求虚拟商店有更多的支付方式，比如汇款、在线支付、货到付款等方式。特别是货到付款解决了很多顾客的后顾之忧，现在卓越网和当当网都实行了货到付款的方式。

3）实时销售信息管理。虚拟商店在每卖出一件商品的时候，实时管理系统上都要有显示，以便了解某种产品的销售情况，并根据销售情况预测某种商品后期的走势，从而更好地满足消费者的需求。

4）账户管理。每一个在虚拟商店购买商品的顾客都要有一个登录账户，如何管理这些账户，是维持商家和顾客关系的一个纽带。节日时候可以给顾客发一些祝福性的问候，推荐一些顾客感兴趣的商品。

（2）安全性。

1）网上支付安全。客户大多是在自己的家里或者公司上网购物，特别是家用电脑的用户对安全性很重视。在访问网站的时候都担心会不会中病毒，是否有强制第三方软件安装，在进行在线支付的时候担心银行账号被盗走。因此，支付安全的问题是虚拟商店的一大瓶颈，也是整个电子商务交易的重要环节。

2）个人隐私安全。顾客在进行网上购物时必然把自己的资料留在网站，因此虚拟商店要维护好这些个人资料，保护顾客的个人隐私。

3）数据库安全。数据库安全性问题是虚拟商店数据库维护的一个重要问题，数据库数据的丢失以及数据库被非法用户侵入是其最大的挑战，一旦数据丢失或者数据被非法用户篡改，将会对虚拟商店造成很大的影响。

7.3.1.4 客户服务

客户服务指标可分为物品配送和服务质量两个子指标，它是影响客户满意度，客户对虚拟商店评价的重要指标。

（1）物品配送。主要包括配送费用、配送方式、订单跟踪、送货准时性等几个指标。

1）物品配送费用。确定配送费用是由客户支付还是由虚拟商店支付，有些虚拟商店在节假日等庆典活动上购买商品给以免费运送，有的则是购买金额满一定数目则免运送费。

2）配送方式的选择。确定虚拟商店自己筹备物流公司还是把货物配送承包给第三方物流公司，顾客关心的是能否送货到门。

3）订单跟踪。该指标反映商家是否有在线客户服务人员通过互联网实时语音通讯工具、商用即时通讯工具或 800 免付费电话等手段，为客户实时答疑，为客户的订购提供实时在线技术支持，客户提交的订单实时跟踪。

4）送货准时性。不管是城市还是郊区或乡村虚拟商店如果送货时间比较短，而且比较准时，则无形中增加了自己的竞争力，比较容易获得顾客的信赖，能够增强顾客的忠诚度。

（2）服务质量。主要由服务投诉、售后服务、意见咨询、退货等子指标构成。

1）服务投诉。此指标是倾听顾客心声的一个途径，顾客对购物过程中的一些不满意的服务方式、服务态度或一些不理想的问题进行投诉，它可以帮助虚拟商店不断改进服务质量，提高客户满意率。

2）售后服务。商品卖出之后，还要有相应的售后服务，它是维系商家和客户关系的一个桥梁，售后服务做得好也可以提高顾客忠诚度。该指标反映商家是否提供产品更新通知、电子邮件支持、产品保修登记（担保注册）、保养维护、维修常见问题解答或其他售后服务。

3）意见咨询。商家不定期对客户意见进行咨询，了解自己在整个服务过程中的不足，从而不断地提高自己的服务水平。比如设置意见咨询 BBS 论坛，让客户充分表达自己的心声，从客户中学习，不断提高自己。

4）退货。顾客收到的商品可能出现一些不理想的情况，可能会出现退货的情况。该指标反映商家是否有详细的退换货原则、方法及相关问题说明。

7.3.1.5　成长创新与文化建设

该指标反映虚拟商店的发展潜力，虚拟商店的发展壮大，要有自己的文化价值，形成自己公司的文化氛围，不断创新，不断采用高新技术，实施管理变革。此指标主要由文化建设和成长创新两个子指标构成。

（1）成长创新。主要包括技术创新、人员创新、管理创新三个子指标，反映虚拟商店的成长性。

1）技术创新。虚拟商店是诞生于信息技术和网络技术浪潮中的一种全新的商务模式，它采用的是网络技术、信息技术和计算机技术，而这些高新技术的发展速度和更新换代的速度非常快，虚拟商店要不断创新不断采用新技术才能不断发展和完善自我。

2）人员创新。新技术是由人这个载体来掌握的，技术创新首先要实现人员创新，不断引进、培养人才，给公司以创新的活力。

3）管理创新。虚拟商店扩展一定规模之后，其管理模式也要发生相应的变化，否则旧的管理模式会阻碍虚拟商店的发展，成为虚拟商店发展的障碍。所以要适时进行管理变革，适应虚拟商店的不断发展壮大。

（2）文化建设。此指标是公司持续发展的精神力量，主要包含公司理念、组织凝聚力、员工的价值观三个子指标。

1）公司理念。它是公司经营的哲学，是公司经营的精神支柱，是公司经营的准则和纲领。

2）组织凝聚力。反映公司的整体文化氛围，组织内部凝聚力强，员工团结一心，本着公司理念做事，则会提高工作效率。

3）员工价值观。员工价值取向，同时也是公司文化的反映。创造积极、乐观、向上、服务顾客的价值取向，对公司的发展有着至关重要的作用。

7.3.1.6 财务绩效

企业经营的最终目的是盈利，财务指标是衡量一个企业经营成功与否的一个最重要的指标，本章将财务指标分为盈利能力和发展能力两个子指标。

（1）盈利能力。反映公司盈利状况的指标，主要由销售净利润率、总资产利润率、净资产收益率、成本利润率几个子指标构成。

1）销售净利润率。是虚拟商店净利润与销售收入净额的比率，反映虚拟商店每单位销售收入获取利润的能力，公式为：

$$销售净利润率 = 净利润/销售收入净额 \times 100\%$$

$$= 净利润/(利润总额 - 所得税额) \times 100\% \qquad (7-1)$$

销售净利润率越高，说明虚拟商店从销售收入中获取净利润的能力越强；销售净利润率越低，说明虚拟商店从销售收入中获取净利润的能力越弱。影响销售净利润率的因素较多，主要有商品质量、成本、价格、销售数量、期间费用（包括管理费用、财务费用、销售费用）以及税金等，分析时应结合具体情况作出正确评价，促使虚拟商店改进经营管理，提高获利能力。

2）总资产利润率。也称为总资产报酬率或总资产收益率，是指利润与资产总额的对比关系，它从整体上反映虚拟商店资产的利用效果，说明虚拟商店运用其全部资产获取利润的能力。其计算公式为：

$$总资产利润率 = (利润总额 + 利息支出净额)/平均资产总值 \times 100\%$$

$$(7-2)$$

3）净资产收益率。净资产收益率是净利润与平均净资产的百分比，也叫净值报酬率或权益报酬率，其计算公式为：

$$净资产收益率 = 净利润/平均净资产 \times 100\% \qquad (7-3)$$

净资产收益率反映虚拟商店所有者权益的投资报酬率，具有很强的综合性。

净资产收益率越高，说明虚拟商店利用全部资产的获利能力越强；净资产收益率越低，说明虚拟商店利用全部资产的获利能力越弱。净资产收益率与净利润成正比，与平均净资产成反比。

4）成本利润率。成本费用利润率是衡量虚拟商店成本费用与利润关系的指标，是利润总额与成本费用总额的比率。计算公式如下：

$$成本利润率=利润总额/成本费用总额×100\% \tag{7-4}$$

该指标反映虚拟商店已用资产的获利能力。若将报告期的该指标与基期比较，可获得已用资产增值效率的动态指标。

（2）发展能力。从财务的角度衡量虚拟商店发展能力状况的指标，主要包括销售增长率和资本积累率两个子指标。

1）销售增长率。销售增长率的计算公式为：

$$销售增长率＝（本期销售收入－前期销售收入）／前期销售收入×100\%$$
$$\tag{7-5}$$

销售增长率是衡量虚拟商店经营状况和市场占有能力、预测虚拟商店经营业务拓展趋势的重要指标，也是虚拟商店增量、存量资本增长的重要前提。不断增加的销售收入是虚拟商店生存的基础和发展条件。在本研究中销售增长率是指销售收入的环比增长率。

2）资本积累率。资本积累率即股东权益增长率，是指虚拟商店本年所有者权益增长额同年初所有者权益的比率。资本积累率表示虚拟商店当年资本的积累能力，是评价虚拟商店发展潜力的重要指标。

$$资本积累率=本年所有者权益增长额/年初所有者权益×100\% \tag{7-6}$$

资本积累率越高，表明虚拟商店的资本积累越多，应对风险、持续发展的能力越强。

7.3.2 虚拟商店绩效评价指标体系

以上网站质量、信息发布、电子商务功能、客户服务、财务绩效、成长创新与文化建设等各评价指标构成了虚拟商店绩效评价指标体系，如表7-2所示。

表7-2 虚拟商店绩效评价指标体系

网站质量	技术质量	站点速度
		系统安全性与稳定性
		链接的有效性
		浏览器兼容性
	网站设计	整体视觉效果
		页面布局
		网站结构
		导航功能

信息发布	产品信息	产品介绍
		产品查询
		产品评论
		产品虚拟体验
	信息更新	信息更新频率
		个性化服务
	经营业绩	交易额
		网站流量统计
		市场占有率
电子商务功能	商务功能	在线订购与支付
		支付方式的多样化
		实时销售信息管理
		账户管理
	安全性	网上支付安全
		数据库安全
		个人隐私安全
客户服务	物品配送	物品配送费用
		订单跟踪
		配送方式选择性
		送货准时性
	服务质量	服务投诉
		售后服务
		意见咨询
		退货
成长创新与文化建设	成长创新	技术创新
		人员创新
		管理创新
	文化建设	公司理念
		组织凝聚力
		员工价值观
财务绩效	盈利能力	销售净利润率
		总资产利润率
		净资产收益率
		成本利润率
	发展能力	销售增长率
		资本积累率

在进行绩效评价时，可根据虚拟商店的具体情况对指标进行删减，有选择地

采用指标。

7.4 虚拟商店绩效分形评价模型

7.4.1 评价方法的确定

构建了虚拟商店绩效评价指标体系，虚拟商店的绩效评价还要选择相应的评价方法，本章选择分形评价法评价虚拟商店的绩效，因为分形评价的特点和虚拟商店绩效评价的特点有许多暗合之处：

（1）虚拟商店绩效评价指标体系比较复杂，涉及的范围较广泛，且数据量比较多。而分形评价则能很好地处理复杂大量的数据，在评价的时候不受数据量的影响，且数据量越大越能显示其优越性。

（2）关于指标权重。根据计算权重系数时原始数据的来源不同，确定权重的方法大致可分为两类：一是主观定权法，其原始数据主要由专家根据经验主观判断提供，如层次分析法、德尔菲法、模糊数学方法、熵值法、变异系数法、负相关系数法、最优综合评价模型等。主观定权法主要是依据评价人的知识和经验给出权重。人们能够同时比较的事物的数量是有限的，当评价系统比较复杂、指标繁多的时候，评价结果的准确性自然会受到影响。二是客观定权法，其原始数据由各指标在被评价单位中的实际数据形成，如主成分分析法、人工神经网络法等。客观定权法虽然可以避免人为主观因素的影响，但是它对数据的样本量以及评价标准都有很高的要求。虚拟商店作为一个新生事物的出现，其指标涉及网站、信息发布、商务功能、客户服务、财务等方面的指标，各指标间的相关性不大，指标间的权重不好分配。不像一些成熟的企业绩效评价，经过一些专家大量的实践研究能给出合理的权重赋值。所以主客观权重赋值法对虚拟商店来说都不太适应。而分形评价法则不需要确定权重，也不需要标准化的数据，直接利用原始数据就可以进行评价，因而避免了因权重赋值而导致评价结果不准确的问题。可见，分形评价适合于虚拟商店的绩效评价。

7.4.2 模型设计

根据设计的指标体系，虚拟商店绩效评价是一个多维的评价体系，它包括网站质量、信息发布、电子商务功能、客户服务、财务绩效、成长创新与文化建设等子指标体系，我们用 G 来表示绩效，即虚拟商店的绩效

$$G = (x_1, x_2, x_3, x_4, x_5, x_6)$$

其中，x_1 代表网站质量；x_2 代表信息发布；x_3 代表电子商务能力；x_4 代表客户服务；x_5 代表财务绩效；x_6 代表成长与文化创新。

通过一系列相应的指标体系，从多维角度准确、客观地描述虚拟商店的绩

效，并进行综合评价。以 $[x]_{M \times N}$ 表示在 M 个序列指标变量组合下 N 个子指标组成的可行域，可行域及对应的指标可由表 7-3 表示。

表 7-3　指标变量及可行域分解

序列指标	x_1	x_2	x_3	x_4	x_5	x_6	...
子指标集	x_{11}, x_{12}, ..., x_{1n}	x_{21}, x_{22}, ..., x_{2n}	x_{31}, x_{32}, ..., x_{3n}	x_{41}, x_{42}, ..., x_{4n}	x_{51}, x_{52}, ..., x_{5n}	x_{61}, x_{62}, ..., x_{6n}	...
可行域	E^{n1}	E^{n2}	E^{n3}	E^{n4}	E^{n5}	E^{n6}	...

其中，$N = \sum\limits_{i} n_i (n_1, n_2, \cdots)$，$n_i$ 表示第 i 个序列指标的子指标数。

7.4.3　子指标数据的标准化

设用 N 个子指标构成的指标体系评价 K 个虚拟商店的绩效，第 i 个虚拟商店的第 j 个指标为 x_{ij}，则对统计指标进行标准化处理，公式如下：

$$y_{ij} = \frac{x_{ij} - \bar{x_j}}{S_j} \tag{7-7}$$

式中，y_{ij} 为 x_{ij} 标准化数据；$\bar{x_j}$ 为未标准化的第 j 个指标的平均值；S_j 为未标准化的第 j 个指标的标准差。

$$\bar{x_j} = \frac{1}{k} \sum_{i=1}^{k} x_{ij} \tag{7-8}$$

$$S_j = \sqrt{\frac{1}{k-1} \sum_{i=1}^{k} (x_{ij} - \bar{x_j})^2} \tag{7-9}$$

7.4.4　子指标的相关性分析

$\boldsymbol{y}_i = (y_{i1}, y_{i2}, \cdots, y_{ini})$ 是一个 ni 维随机向量，各个子指标一般都存在着一定的相关性。为了消除这种相关性，可找到一个适当的 $ni \times ni$ 维矩阵 $\boldsymbol{A}$，使 y_i 经它变换后产生一个新的子指标体系。

$$\boldsymbol{Z}_i = (\boldsymbol{Z}_{i1}, \boldsymbol{Z}_{i2}, \cdots, \boldsymbol{Z}_{ini})^{\mathrm{T}} = \boldsymbol{A}\boldsymbol{Y}_i \tag{7-10}$$

式中，$\boldsymbol{Z}_{ij}$ 为子指标 $\boldsymbol{Y}_{i1}$，$\boldsymbol{Y}_{i2}$，$\cdots$，$\boldsymbol{Y}_{ini}$ 不同的线性组合，但它们两两不相关且包含了指标的所有信息。

根据多元统计分析的理论，若已知随机向量 $\boldsymbol{Y}_i$ 的协方差矩阵 $\boldsymbol{B}_{ni \times ni}$，其中 ni 个特征根为 $\lambda_1, \lambda_2, \cdots, \lambda_{ni}$，它们相应的特征向量为 $\boldsymbol{\alpha}_1, \boldsymbol{\alpha}_2, \cdots, \boldsymbol{\alpha}_{ni}$，则式 (7-7) 中的变换矩阵为：$\boldsymbol{A} = (\boldsymbol{\alpha}_1, \boldsymbol{\alpha}_2, \cdots, \boldsymbol{\alpha}_{ni})$，同样，将每个随机指标 $\boldsymbol{Y}_i$ 都进行变换，则得到一个新的子指标体系，$\boldsymbol{Z}_1, \boldsymbol{Z}_2, \boldsymbol{Z}_3, \boldsymbol{Z}_4, \cdots$，此时，新的子指标体系各不相关。

7.4.5 分形评价

新子指标体系中的 N 个指标元素 Z_{ij} 可以看作是 N 维空间中各个坐标上的点，所有这些点构成 N 维欧式空间 E^N 中的一个子集 $J_{(N)}$。定义这些点到原点距离为 d_{ij}，如果 $Z_{ij} < 0$，取 $\delta = \max\{|Z_{ij}|, Z_{ij} < 0\}$，作变换

$$Z_{ij} \Rightarrow Z_{ij} + \delta \tag{7-11}$$

使 $J_{(N)}$ 中每个数 $Z_{ij} \geq 0$。

首先任意给定一个半径 $r > 0$，以原点为球心，r 为半径作球，显然 E^N 中的 $d_{ij} < r$ 的 $N(r)$ 个点都位于球内，再改变 r 的值，重新作球，直到 $r = R$ 时，球恰好包含所有的 N 个点。我们令：

$$r = \frac{nR}{N} \tag{7-12}$$

式中，$n = 1, 2, \cdots, N$；$R = \max(Z_{ij})$；N 为评价的指标总数。则半径为 r 的球内的点数 $N(r)$ 在 N 个点中所占的比例 $C(r)$，可表示为：

$$C(r) = \frac{2}{N(N-1)} \sum_{i,j} H(r - d_{ij}) \tag{7-13}$$

$$H(x) = \begin{cases} 1, & x > 0 \\ 0, & x \leq 0 \end{cases} \tag{7-14}$$

式中，$H(x)$ 为 Heaviside 函数。

显然，$C(r)$ 随着 r 的增大而增大。当 r 趋近于 R 时，$C(r) \to 1$；当 r 过小时，$C(r) \to 0$；当 r 位于一适当空间，$C(r)$ 随 r 的变化呈幂函数形式 $C(r) \propto r^2$ 时，则子集 $J_{(N)}$ 具有分形的特性，其分维数 $D_2 = \ln C(r)/\ln r$，在双对数图 $\ln C(r) - \ln r$ 上，用直线拟合可求出分维数 D_2。考虑到实际数据上的 $\ln C(r) - \ln r$ 曲线不一定是一条直线，而只有在某区域段才适合计算 D_2。因此，当用线性回归方法计算维数 D_2 时，必须先选定适当的线性段，然后在该段内进行线性拟合，才能较准确地求出 D_2。计算分维数 D_2 的目的在于对虚拟商店绩效进行多维评价。

在双对数图 $\ln C(r) - \ln r$ 上，分维数即斜率，它反映指标点在空间的分布状况，绩效好的虚拟商店的指标点分布离球心相对远，绩效差的虚拟商店的指标点分布离球心则相对近。即 $\forall r > 0$，对应绩效好的 $N(r)$，或是说绩效好的 $\ln C(r)$ 小于绩效差的 $\ln C(r)$。不同 k 个虚拟商店 $\ln C(r) - \ln r$ 线逐渐上升最终逼近于 $(\ln R, O)$ 点，所以绩效好的虚拟商店所反映出的斜率总是大于绩效差的虚拟商店的分维数（$D_好 > D_差$）。分维数的经济意义从本质上反映了虚拟商店的绩效，分维数越大，虚拟商店绩效越好。直观上说明各子指标数值越远离原点，虚拟商店绩效越好，这是一致的。

7.5 实证分析

7.5.1 案例背景

本研究选取三个目前规模最大最知名的中文网上虚拟书店作为背景案例。

7.5.1.1 当当网

当当网（http：//home. dangdang. com）是李国庆和俞渝夫妻二人于 1997 年联手创立的，当时从事收集和销售中国可供书数据库工作，1999 年 11 月网站（www. dangdang. com）投入运营，分别于 2000 年、2004 年和 2006 年获得风险投资。目前，当当网是全球最大的综合性中文网上购物商城，由国内著名出版机构科文公司、美国老虎基金、美国 IDG 集团、卢森堡剑桥集团、亚洲创业投资基金（原名软银中国创业基金）共同投资成立。

成立以来，当当网一直保持高速度成长。当当网在线销售的商品包括了家居百货、化妆品、数码、图书、音像等几十个大类，近百万种商品，在库图书超过40 万种。到 2007 年当当网有超过 4000 万的注册用户（含大陆、港、澳、台和国外），遍及全国 32 个省、市、自治区、直辖市、香港、澳门、台湾和美国、加拿大、东南亚等 50 多个国家及地区，在众多的电子商务网站中一枝独秀，是全球最大的中文网上图书音像商城，2007 年图书销售额超过 6 亿元。每天有上万人在当当网买东西，每月有 2000 万人在当当网浏览各类信息。

当当网的使命是坚持"更多选择、更多低价"，让越来越多的顾客享受网上购物带来的方便和实惠。全球使用中文上网的人们享受网上购物带来的乐趣——丰富的种类、7×24 购物的自由、优惠的价格、架起无界限沟通的桥梁。

在为消费者服务的同时，当当网帮助出版社提高了单本书的销量，并有效地延长了出版物的寿命。当当网不受上架周期和顾客地域性偏好的限制，为出版社尤其是专业、学术出版社提供了窗口支持和读者，使知识的传播更加有效。

由于有以前做"中国可供书目"的专业优势，在商品的分类上，一直胜人一等，当当音像店、法律书店等一个个专业店的开业，标志着其专业化、综合化水平的提高，现在当当的分类，已成为众多网上书店借鉴的标准。为了让顾客得到更加个性化的服务，当当还推出了 VIP 顾客答谢制度，只要成为当当的 VIP 顾客，就能享受当当购物折上折的优惠，将来还有机会得到更多的增值服务。

鼠标+水泥的运营模式：互联网提供了可以无限伸展的展示空间，可以容纳无限的商品或图样以及内容。在当当网，消费者无论是购物还是查询，都不受时间和地域的任何限制。在消费者享受"鼠标轻轻一点，精品尽在眼前"的背后，是当当网耗时 9 年修建的"水泥支持"——庞大的物流体系，仓库中心分布在北京、华东和华南，覆盖全国范围。

员工使用当当网自行开发、基于网络架构和无线技术的物流、客户管理、财务等各种软件支持，每天把大量货物通过空运、铁路、公路等不同运输手段发往全国和世界各地。在全国 360 个城市里，大量本地快递公司为当当网的顾客提供"送货上门，当面收款"的服务。

当当网全部商品"假一罚一"的承诺，全国 360 个大中城市实现的"货到付款"，自动智能比价系统等服务，保证所售商品价格最低。

7.5.1.2　卓越网

卓越网（http：//www.joyo.com）于 2000 年 1 月由金山软件股份公司分拆，国内顶尖 IT 企业金山公司及联想投资公司共同投资组建，卓越网（http：//www.joyo.com）发布于 2000 年 5 月。2003 年 9 月引入国际著名投资机构老虎基金成为第三大股东。主营音像、图书、软件、游戏、礼品等流行时尚文化产品。诞生以来，凭借独创的"精选品种、全场库存、快捷配送"之"卓越模式"，迅速成长为国内极具影响力和辐射力的电子商务网站，赢得了超过 520 万注册用户的衷心支持，发展成为中国访问量最大、营业额最高的零售网站，并获得全国网络文明工程组委会评选的"中国优秀文化网站"称号，入选"中国 10 大互联网旗帜公司"和"最具投资价值网站 100 强"。

卓越网总部设在北京。2001 年 3 月，上海分公司正式成立，从而迈出了区域拓展的第一步。2001 年 10 月，主要面向网下用户的卓越精品俱乐部发布，在短短一年多的时间里，发展注册会员 65 万人以上。2003 年 11 月，广州分公司正式成立。通过产品线扩张和区域拓展，卓越网正在成为以社区文化为主的最大的电子商务销售平台。2003 年 12 月入选《互联网周刊》"中国 10 大互联网旗帜企业"及"最具投资价值网站 100 强"，《中国电脑教育报》"2003 风云网站评比"电子商务类"编辑选择奖"。2004 年 8 月亚马逊公司 www.amazon.com（NASDAQ：AMZN）宣布它已签署最终协议收购卓越有限公司。2007 年 6 月 5 日，卓越网公告显示，公司已正式更名为"卓越亚马逊"。

卓越企业价值观：在盈利中成长、以客户为中心、追求卓越创新、帮助员工发展、强调社会责任。

卓越网梦想：卓越网一直梦想，为人们开创全新的生活方式。因为我们认为，努力工作的最终目标，是使你我的生活更为卓越。

"卓越网进军电子商务的第一天，我们的营业额是几百元人民币；而如今我们已经拥有了数百万忠实顾客，他们遍布全国甚至身处地球的另一面。在过去的几年里，卓越网已经让中国人开始习惯于从网上以史无前例的优惠价格，购买到正版的文化精品，从而享受到更高品质的生活。我们深信，电子商务拥有无限的成长空间与机会，而卓越网将是最好的成长案例。"

"对于中国电子商务的明天，我们充满信心。而在未来的日子里，我们将一如既往，努力开拓，以一流的团队提供一流的商品和服务。同时我们始终牢记，一个成功的企业不仅要拥有优秀的业绩，更要为社会大众竭力奉献，让人类生活更卓越。"

7.5.1.3　蔚蓝网

蔚蓝网（http：//www. wl. cn）于 2000 年 3 月 26 日在六位清华大学的博士和硕士共同努力下正式成立。网站创立伊始，秉持源于校园，服务于校园的经营理念，从考试、计算机、教材教辅等学生和教师们重点关注的图书做起，以快捷的图书资讯，优质的配送服务，实惠的购书价格在高校中树立了良好的品牌。并成为中国校园网内最大的电子商务网站。

随着经营的细化，蔚蓝网在原有图书类别上增加了社科、文艺、经管、少儿、建筑、自然科学等 2160 个分类，50 万个品种的图书和音像制品，成为国内图书品种最全的网站之一。2003 年底网站开始面向社会开放经营，并于 2004 年 9 月在网站流量上超过绝大多数同类图书网站，成为中国第三大网上书店。大规模的品种销售使蔚蓝网成为专业顾客寻书的首选网站，其他书店无法买到的图书均会来蔚蓝网寻找。

2007 年 10 月，七年之后的蔚蓝网从网站的前台页面到内部的 ERP 管理系统做了全面的提升，并开辟了化妆品销售频道，蔚蓝网将为广大用户提供更丰富的商品，打造快乐、便捷、低价的购物新体验。

7.5.2　MATLAB 软件简介

本研究采用分形评价法评价虚拟商店的绩效，数据处理很复杂，手工计算几乎不可能完成，需要借用计算机软件，本章的所有计算都是采用 MATLAB 软件进行的，正是有了 MATLAB 强大的计算分析功能，本章的数据处理才得以顺利进行。

MATLAB 是 Matrix Laboratory（矩阵实验室）的缩写[8]，它自 1984 年由美国 MathWorks 公司推出以来，经过不断的改进和发展，现已成为国际公认的优秀工程应用开发环境。MATLAB 功能强大、简单易学、编程效率高，深受广大科技工作者的欢迎。

MATLAB 的主要特点是：有高性能数值计算的高级算法，特别适合矩阵代数领域；有大量事先定义的数学函数，并且有很强的用户自定义函数的能力；有强大的绘图功能以及具有教育、科学和艺术学的图解和可视化的二维、三维图；基于 HTML 的完整的帮助功能；适合个人应用的强有力的面向矩阵（向量）的高级程序设计语言；与其他语言编写的程序结合和输入输出格式化数据的能力；有在多个应用领域解决难题的工具箱。

MATLAB 由于其强大的计算分析功能，使其成为一种流行的工程软件，可应用于科学计算、控制系统设计与分析、数字信号处理、数字图像处理、通讯系统仿真与设计、金融财经系统分析工程与科学绘图等领域。本章主要应用矩阵分析、绘图、数据拟合等函数功能。

7.5.3 实证结果

虚拟商店绩效评价，既可以横向比较（选择几家虚拟商店同时比较，从而得出绩效好与差的结论），也可以纵向比较（虚拟商店现在的绩效和以前的绩效比较）。本研究采用横向比较，为了计算方便把这三个虚拟商店依次分别用字母表示：A 表示当当网、B 表示卓越网、C 表示蔚蓝网，选取指标体系中的 40 个三级指标。指标的数值通过实际调查并发调查问卷和专家打分计算得出。本章设计了普通网民调查问卷一份（附录 B），调查对象主要是在校大学生，共发出去 100份，收回 95 份，其中有 5 份填写不完整，完整回收共 90 份，加权平均算取各指标的得分数；设计专家打分问卷一份（附录 B），请了 5 位专家打分，加权平均得各指标的得分。剩余的一些财务方面的指标通过相应途径调查得出。各指标最终得分结果见表 7-4。

表 7-4 A、B、C 三个虚拟商店的指标得分

序号	评价指标	A	B	C
x11	站点速度	95	90	92
x12	系统安全性与稳定性	92	93	94
x13	链接的有效性	96	92	95
x14	浏览器兼容性	100	95	90
x15	整体视觉效果	98	92	91
x16	页面布局	95	88	90
x17	网站结构	90	85	82
x18	导航功能	83	80	73
x21	产品介绍	90	84	86
x22	产品查询	88	84	80
x23	产品评论	82	80	75
x24	产品虚拟体验	70	71	65
x25	信息更新频率	85	82	75
x26	个性化服务	80	70	73
x27	市场占有率	25	20	10
x31	在线订购与支付	95	90	85
x32	支付方式的多样化	90	85	80

续表 7-4

序号	评价指标	A	B	C
x33	实时销售信息管理	85	80	86
x34	账户管理	90	93	85
x35	网上支付安全	95	90	85
x36	数据库安全	96	94	90
x37	个人隐私安全	99	95	90
x41	物品配送费用	85	80	70
x42	订单跟踪	95	90	90
x43	配送方式选择性	80	85	70
x44	送货准时性	95	90	80
x45	服务投诉	65	70	60
x46	售后服务	80	75	70
x47	意见咨询	70	75	60
x48	退货处理	85	80	75
x51	技术创新	90	80	75
x52	管理创新	85	80	75
x53	公司理念	85	85	80
x54	组织凝聚力	80	75	70
x61	销售净利润率	30	20	15
x62	总资产利润率	30	25	20
x63	净资产收益率	25	20	15
x64	成本利润率	45	35	20
x65	销售增长率	20	15	10
x66	资本积累率	25	20	15

根据公式（7-7）对以上数据进行标准化处理，处理后的结果 y_{ij}，见表 7-5。对表 7-4 中的各数据 y_{ij} 进行相关性分析，根据公式（7-10）对 y_{ij} 处理后的彼此不相关的结果 z_{ij} 见表 7-6。根据公式（7-11）对 z_{ij} 做变换后，得到 J_n 中的新的 z_{ij} 数据如表 7-7 所示。根据公式（7-12）、公式（7-13）和公式（7-14）求得各 $C(r)$ 的值见表 7-8。求得的 r、$\ln r$、$\ln C(r)A$、$\ln C(r)B$、$\ln C(r)C$ 各值见表 7-9。

表 7-5　标准化后的 y_{ij} 各值

A	B	C
1.0569	−0.9272	−0.1325
−1.0000	0.0000	1.0000

A	B	C
0.8006	−1.1209	0.3203
1.0000	0.0000	−1.0000
1.1446	−0.4402	−0.7044
1.1094	−0.8321	−0.2774
1.0722	−0.1650	−0.9073
0.8444	0.2598	−1.1043
1.0911	−0.8729	−0.2182
1.0000	0.0000	−1.0000
0.8321	0.2774	−1.1094
0.4148	0.7259	−1.1406
0.8444	0.2598	−1.1043
1.1043	−0.8444	0.2598
0.8729	0.2182	−1.0911
1.0000	0.0000	−1.0000
1.0000	0.0000	−1.0000
0.4148	−1.1406	0.7259
0.1650	0.9073	−1.0722
1.0000	0.0000	−1.0000
0.8729	0.2182	−1.0911
0.9610	0.0739	−1.0349
0.8729	0.2182	−1.0911
1.1547	−0.5774	−0.5774
0.2182	0.8729	−1.0911
0.8729	0.2182	−1.0911
0.0000	1.0000	−1.0000
1.0000	0.0000	−1.0000
0.2182	0.8729	−1.0911
1.0000	0.0000	−1.0000
1.0911	−0.2182	−0.8729
1.0000	0.0000	−1.0000
0.5774	0.5744	−1.1547
1.0000	0.0000	−1.0000
1.0911	−0.2182	−0.8729
1.0000	0.0000	−1.0000
1.0000	0.0000	−1.0000
0.9272	0.1325	−1.0596
1.0000	0.0000	−1.0000
1.0000	0.0000	−1.0000

表 7-6 相关性变换后的各 z_{ij} 值

A	B	C
−0.1521	1.0255	0.9618
−0.5009	−1.3196	0.0884
−0.4244	0.6059	1.2053
0.5009	1.3196	−0.0884
0.2491	1.3334	0.4000
−0.0571	1.1295	0.8492
0.4156	1.3486	0.0930
0.6143	1.2188	−0.3705
−0.0963	1.0889	0.8972
0.5009	1.3196	−0.0884
0.6210	1.2095	−0.3893
0.7423	0.8391	−0.8630
0.6143	1.2188	−0.3705
−0.0688	1.1177	0.8637
0.5979	1.2396	−0.3256
0.5009	1.3196	−0.0884
0.5009	1.3196	−0.0884
−0.6323	0.0888	1.2619
0.7508	0.5824	−1.0475
0.5009	1.3196	−0.0884
0.5979	1.2396	−0.3256
0.5358	1.2978	−0.1691
0.5979	1.2396	−0.3256
0.1532	1.2916	0.5552
0.7521	0.6389	−1.0130
0.5979	1.2396	−0.3256
0.7364	0.4020	−1.1384
0.5009	1.3196	−0.0884
0.7521	0.6389	−1.0130
0.5009	1.3196	−0.0884
0.3858	1.3521	0.1520
0.5009	1.3196	−0.0884
0.7144	0.9940	−0.7083

续表 7-6

A	B	C
0.5009	1.3196	−0.0884
0.3858	1.3521	0.1520
0.5009	1.3196	−0.0884
0.5009	1.3196	−0.0884
0.5619	1.2767	−0.2328
0.5009	1.1396	−0.0884
0.5009	1.1396	−0.0884

表 7-7 变换后的 z_{ij} 各值

A	B	C
1.1675	1.0255	0.9618
0.8187	0.0000	0.0844
0.8952	0.6059	1.2053
0.5009	1.3196	1.2312
0.2491	1.3334	0.4000
1.2625	1.1295	0.8492
0.4156	1.3486	0.0930
0.6143	1.2188	0.9491
1.2233	1.0889	0.8972
0.5009	1.3196	1.2312
0.6210	1.2095	0.9303
0.7423	0.8391	0.4566
0.6143	1.2188	0.9491
1.2508	1.1177	0.8637
0.5979	1.2396	0.9940
0.5009	1.3196	1.2312
0.5009	1.3196	1.2312
0.6323	0.0888	1.2619
0.7508	0.5824	0.2721
0.5009	1.3196	1.2312
0.5979	1.2396	0.9940
0.5358	1.2978	1.1505
0.5979	1.2396	0.9940

A	B	C
0. 1532	1. 2916	0. 5552
0. 7521	0. 6389	0. 3066
0. 5979	1. 2396	0. 9940
0. 7364	0. 4020	0. 1812
0. 5009	1. 3196	1. 2312
0. 7521	0. 6389	0. 3066
0. 5009	1. 3196	1. 2312
0. 3858	1. 3521	0. 1520
0. 5009	1. 3196	1. 2312
0. 7144	0. 9940	0. 6113
0. 5009	1. 3196	1. 2312
0. 3858	1. 3521	0. 1520
0. 5009	1. 3196	1. 2312
0. 5009	1. 3196	1. 2312
0. 5619	1. 2767	1. 0868
0. 5009	1. 3196	1. 2312
0. 5009	1. 3196	1. 2312

表 7-8 $C(r)$ 各值

A	B	C
0. 0000	0. 0013	0. 0000
0. 0000	0. 0013	0. 0000
0. 0000	0. 0026	0. 0026
0. 0000	0. 0026	0. 0026
0. 0013	0. 0026	0. 0051
0. 0013	0. 0026	0. 0064
0. 0013	0. 0026	0. 0064
0. 0026	0. 0026	0. 0064
0. 0026	0. 0026	0. 0077
0. 0026	0. 0026	0. 0103
0. 0026	0. 0026	0. 0103
0. 0051	0. 0038	0. 0015
0. 0064	0. 0038	0. 0015

续表 7-8

A	B	C
0.0064	0.0038	0.0128
0.0231	0.0038	0.0128
0.0244	0.0038	0.0128
0.0256	0.0038	0.0141
0.0308	0.0064	0.0141
0.0359	0.0090	0.0154
0.0359	0.0090	0.0154
0.0359	0.0090	0.0154
0.0397	0.0090	0.0154
0.0436	0.0090	0.0154
0.0436	0.0090	0.0154
0.0449	0.0103	0.0154
0.0449	0.0103	0.0179
0.0462	0.0103	0.0192
0.0462	0.0103	0.0205
0.0462	0.0103	0.0244
0.0462	0.0115	0.0295
0.0462	0.0128	0.0295
0.0462	0.0128	0.0295
0.0462	0.0141	0.0308
0.0462	0.0167	0.0308
0.0474	0.0167	0.0321
0.0474	0.0179	0.0333
0.0487	0.0256	0.0500
0.0513	0.0269	0.0513
0.0513	0.0295	0.0513
0.0513	0.0487	0.0513

表 7-9 r, $\ln r$, $\ln C(r)$ 对照表

r	$\ln r$	$\ln C(r)$ A	$\ln C(r)$ B	$\ln C(r)$ C
0.0338	-3.3872	$-\text{Inf}$	-6.6593	$-\text{Inf}$
0.0676	-2.6941	$-\text{Inf}$	-6.6593	$-\text{Inf}$
0.1014	-2.2886	$-\text{Inf}$	-5.9661	-5.9661

r	$\ln r$	$\ln C(r)$ A	$\ln C(r)$ B	$\ln C(r)$ C
0.1352	−2.0009	−Inf	−5.9661	−5.9661
0.169	−1.7778	−6.6593	−5.9661	−5.273
0.2028	−1.5955	−6.6593	−5.9661	−5.0499
0.2366	−1.4413	−6.6593	−5.9661	−5.0499
0.2704	−1.3078	−5.9661	−5.9661	−5.0499
0.3042	−1.19	−5.9661	−5.9661	−4.8675
0.338	−1.0846	−5.9661	−5.9661	−4.5799
0.3718	−0.9893	−5.9661	−5.9661	−4.5799
0.4056	−0.9023	−5.273	−5.5607	−4.4621
0.4394	−0.8223	−5.0499	−5.5607	−4.4621
0.4732	−0.7482	−5.0499	−5.5607	−4.3567
0.507	−0.6792	−3.7689	−5.5607	−4.3567
0.5408	−0.6146	−3.7149	−5.5607	−4.3567
0.5746	−0.554	−3.6636	−5.5607	−4.2614
0.6084	−0.4968	−3.4812	−5.0499	−4.2614
0.6422	−0.4428	−3.3271	−4.7134	−4.1744
0.6761	−0.3915	−3.3271	−4.7134	−4.1744
0.7099	−0.3427	−3.3271	−4.7134	−4.1744
0.7437	−0.2962	−3.2253	−4.7134	−4.1744
0.7775	−0.2517	−3.1329	−4.7134	−4.1744
0.8113	−0.2092	−3.1329	−4.7134	−4.1744
0.8451	−0.1683	−3.1039	−4.5799	−4.1744
0.8789	−0.1291	−3.1039	−4.5799	−4.0202
0.9127	−0.0914	−3.0758	−4.5799	−3.9512
0.9465	−0.055	−3.0758	−4.5799	−3.8867
0.9803	−0.0199	−3.0758	−4.5799	−3.7149
1.0141	0.014	−3.0758	−4.4621	−3.5238
1.0479	0.0468	−3.0758	−4.3567	−3.5238
1.0817	0.0785	−3.0758	−4.3567	−3.5238
1.1155	0.1093	−3.0758	−4.2614	−3.4812
1.1493	0.1391	−3.0758	−4.0943	−3.4812
1.1831	0.1681	−3.0484	−4.0943	−3.4404
1.2169	0.1963	−3.0484	−4.0202	−3.4012

续表 7-9

r	$\ln r$	$\ln C(r)$ A	$\ln C(r)$ B	$\ln C(r)$ C
1.2507	0.2237	-3.0217	-3.6636	-2.9957
1.2845	0.2504	-2.9704	-3.6148	-2.9704
1.3183	0.2763	-2.9704	-3.5238	-2.9704
1.3521	0.3017	-2.9704	-3.0217	-2.9704

根据表 7-9 的数据，利用 Matlab 可得到 A、B、C 三个企业的 $\ln r$-$\ln C(r)$ 图，如图 7-2 所示。

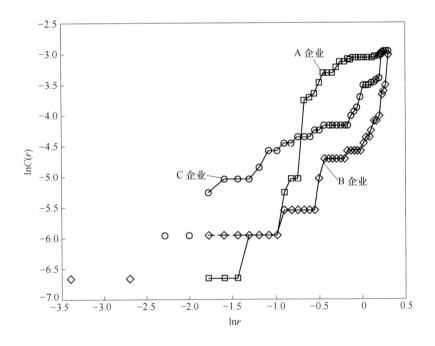

图 7-2 $\ln r$-$\ln C(r)$ 双对数图

利用 Matlab 软件在上图中进行直线拟合后得出：

A 企业：$\ln C(r)$ A = 2.1252$\ln r$ - 3.0754

B 企业：$\ln C(r)$ B = 1.3167$\ln r$ - 4.3151

C 企业：$\ln C(r)$ C = 1.2831$\ln r$ - 3.6341

直线拟合后，其直线的斜率即为其各自的分维数，即有：D_A = 2.13 > D_B = 1.32 > D_C = 1.28。可见，在三个企业中，A 企业的绩效最好，B 企业次之，C 企业最差。

参 考 文 献

［1］Richard S Williams. Performance Management ［M］. London：International Thoms on Business Press，1998.

［2］张蕊. 企业战略经营绩效评价指标体系研究 ［M］. 北京：中国财政经济出版社，2002.

［3］张涛，文新三. 企业绩效评价研究 ［M］. 北京：经济科学出版社，2002.

［4］财政部统计评价司编. 企业效绩评价工作指南 ［M］. 北京：经济科学出版社，2002.

［5］陈共荣，曾俊. 企业绩效评价主体的研究及其对绩效评价的影响 ［J］. 会计研究，2007 （4）：65~68.

［6］约翰·科特，詹姆斯·赫斯克特. 企业文化与经营业绩 ［M］. 曾中，李晓涛，译. 北京：华夏出版社，2001.

［7］刘光明. 企业文化 ［M］. 北京：经济管理出版社，2004.

［8］徐波，刘征. Matlab 工程数学应用 ［M］. 北京：清华大学出版社，2000.

8 基于熵—灰色关联度电子商务网站评价研究

8.1 引言

近年来，随着低成本、快捷化的电子商务企业的迅猛发展，越来越多的传统企业相信，电子商务必定是传统企业未来转型和发展的方向。电子商务的发展从长远来看定会越来越好，企业启动的越早则成本和风险越低，先发制人也越具有优势。建设一个优秀的网站是传统企业开展电子商务的第一步，也是相对简单和容易实现的一步，但企业应该以哪些可以量化、考核的指标来对企业实施电子商务的效果进行评估往往是接下来最关键、最重要的问题。

网站评价方法可以分为三类：基于软件测量的统计方法，包括网站跟踪统计、软件实时测量和文献计量学方法；基于用户行为的数据挖掘方法，包括服务器日志文件数据挖掘和商业价值驱动型评价方法；基于指标体系的综合评价方法，包括系统综合评价、信息构建方法、Web Qual[1]和消费者行为评价四种方法。从各个网站评价方法的核心内容来看，网站运营指标统计、软件事实测量和文献计量学方法是以特定软件的测量结果为基础的；数据挖掘方法和商业价值驱动评价法则以对用户行为结果进行数据分析为基础；系统综合评价、信息构建评价、消费者行为评价和Web Qual方法的核心则是指标体系[2]。

其中，综合评价（系统工程）方法基础是建立评价指标体系（评价内容），选用合理的评价方法，评价指标体系分为网站本身评价指标、网站流量指标、网站访问者行为指标和商业指标，评价方法包括层次分析法、模糊评价法、灰色关联分析、因子分析法等[3~9]。

当前，很多电子商务网站评价指标体系都是针对网站本身进行评价，这种指标体系涉及较多难以准确衡量或主观性较强的指标，同时还往往忽略电子商务经济效益的评价指标。本章利用网站动态监测、实时测量的数据建立测定访问者活跃程度（网站内容指标）和网站电子商务经济效益（商业利润指标）的评价指标体系，然后使用熵权法和灰色关联分析对网站进行综合评价。指标数据避免了采用用户评分或专家评分等方法易受主观性影响的缺点，熵权法根据各指标的变异程度，利用信息熵计算出各指标的熵权，得出较为客观的指标权重，克服了在多指标评价中主观确定权重的不确定性。

8.2　电子商务网站评价指标体系的构建

网站流量的基本数据是网站分析的基础，通常说的网站流量（traffic）是指网站的访问量，是用来描述访问一个网站的用户数量以及用户所浏览的网页数量等指标，常用的统计指标包括网站的独立访问者数量（Unique visitors）、总用户数量（含重复访问者 Repeat Visitors）、页面浏览数（Page Views）、每个访问者的页面浏览数（Page Views Per User）、用户在网站的平均停留时间等。

本章根据电子商务网站的流量数据计算出网站的内容指标和商业指标，内容指标用于衡量访问者的活跃程度，商业指标衡量网站将访问者活动转化为商业利润的能力。

8.2.1　内容指标

（1）流量注册比（Register Share）。流量注册比＝注册用户/独立访问者数，衡量网站的注册率。

（2）提袋率（Handbag Share）。提袋率＝商品放入购物车或加入收藏夹的访客/独立访问者数，衡量访客对商品的兴趣度。

（3）回访者比率（Repeat Visitor Share）。回访者比率＝回访者数/独立访问者数，衡量网站内容对访问者的吸引程度和网站的实用性。

（4）积极访问者比率（Heavy User Share）。积极访问者比率＝访问超过 11 页的用户/总的访问人数，衡量有多少访问者是对网站的内容高度的兴趣。

（5）忠实访问者比率（Committed Visitor Share）。访问时间在 19min 以上的用户数/总用户数。

（6）忠实访问者指数（Committed Visitor Index）。忠实访问者指数＝大于 19min 的访问页数/大于 19min 的访问者数，如果这个指数较低，那意味着有较长的访问时间但是较低的访问页面（也许访问者正好离开吃饭去了）。

（7）忠实访问者量（Committed Visitor Volume）。忠实访问者量＝大于 19min 的访问页数/总的访问页数，衡量长时间的访问者所访问的页面占所有访问页面数的量。

（8）访问者参与指数（Visitor Engagement Index）。访问者参与指数＝总访问数/独立访问者数，这个指标代表着部分访问者的多次访问的趋势。

（9）首页回弹率（Index Reject Rate/ Index Bounce Rate）。回弹率（首页）＝仅仅访问首页的访问数/所有从首页开始的访问数，这个指标代表所有从首页开始的访问者中仅仅看了首页的访问者比率。

（10）浏览用户比率（Scanning Visitor Share）。浏览用户比率＝少于 1min 的访问者数/总访问数，这个指标一定程度上衡量网页的吸引程度。

（11）浏览用户指数（Scanning Visitor Index）。浏览用户指数＝少于 1min 的访问页面数/少于 1min 的访问者数，这个指标代表 1min 内的访问者平均访问页数，指数越接近于 1，说明访问者对网站越没兴趣，仅仅瞄一眼就离开了。

（12）浏览用户量（Scanning Visitor Volume）。浏览用户量＝少于 1min 的浏览页数/所有浏览页数，这个指标代表在 1min 内完成的访问页面数的比率。

8.2.2 商业指标

（1）平均订货额（Average Order Amount，AOA）。平均订货额＝总销售额/总订货数，用来衡量网站销售状况的好坏。

（2）转化率（Conversion Rate）。转化率＝总订货数/总访问量，衡量网站的对每个访问者的销售情况。

（3）每访问者销售额（Sales Per Visit，SPV）。每访问者销售额＝总销售额/总访问数，衡量网站的市场效率。

（4）单笔订单成本（Cost Per Order）。单笔订单成本＝总的市场营销开支/总订货数，衡量平均的订货成本。

（5）再订货率（Repeat Order Rate，ROR）。再订货率＝现有客户订单数/总订单数，衡量网站对客户的吸引力。

（6）单个访问者成本（Cost Per Visit）。单个访问者成本＝市场营销费用/总访问数，衡量网站的流量成本。

8.3 电子商务网站评价方法

8.3.1 熵权法

熵原本是热力学概念，最先由申农 C. E. Shannon 引入信息论，称之为信息熵。现已在工程技术、社会经济等领域得到十分广泛的应用。熵权法是一种客观赋权方法。在具体使用过程中，熵权法根据各指标的变异程度，利用信息熵计算出各指标的熵权，再通过熵权对各指标的权重进行修正，从而得出较为客观的指标权重。

根据信息论的基本原理，信息是系统有序程度的一个度量，而熵是系统无序程度的一个度量。某个指标的熵值越小，则指标值变异程度越大，提供的信息量越多，在综合评价中该指标的权重越大，反之，指标权重越小。

设有 m 个待评项目，n 个评价指标，则有原始矩阵：

$$R = \begin{bmatrix} r_{11} & r_{12} & \cdots & r_{1n} \\ r_{21} & r_{22} & \cdots & r_{2n} \\ \vdots & \vdots & \vdots & \vdots \\ r_{m1} & r_{m2} & \cdots & r_{mn} \end{bmatrix}$$

其中, r_{ij} 为第 i 个项目第 j 个指标的评价值。

求各指标熵权过程如下：

（1）计算第 i 个项目第 j 个指标的评价值的比重 p_{ij} ：

$$p_{ij} = r_{ij} \Big/ \sum_{i=1}^{m} r_{ij} \tag{8-1}$$

（2）计算第 j 个指标的熵值 e_j ：

$$e_j = -k \sum_{i=1}^{m} p_{ij} \ln p_{ij} , \quad k = 1/\ln m \tag{8-2}$$

（3）计算第 j 个指标的熵值 w_j ：

$$w_j = (1 - e_j) \sum_{j=1}^{n} (1 - e_j) \tag{8-3}$$

8.3.2 灰色关联度分析

灰色系统理论是 20 世纪 80 年代初由中国学者邓聚龙教授首先提出的，基本思想是根据序列曲线几何形状的相似程度来判断其联系是否紧密。曲线越接近，相应序列之间的关联度就越大，反之就越小。灰色关联分析克服了数理统计中回归分析等系统分析方法的不足，具有不追求大的样本容量、不要求待分析的序列服从某个典型的概率分布、计算量小且计算过程简单等优点[10]。

灰色关联分析计算过程如下：

（1）确定最优指标集 V^*（理想序列）。最优指标是从各评价对象的同一指标中选取最优的一个，各评价指标的最优值组成的集合就称为最优指标集，它是各评价对象比较的基准。最优指标集和各评价对象的指标组成矩阵

$$D = \begin{bmatrix} V_1^* & V_2^* & \cdots & V_m^* \\ V_1^1 & V_2^1 & \cdots & V_m^1 \\ \vdots & \vdots & & \vdots \\ V_1^n & V_2^n & \cdots & V_m^n \end{bmatrix}$$

（2）数据的无量纲化处理。各因素组成的序列，一般来说取值单位不尽相同，而单位不同的数据是无法进行比较的，因此必须把原始数据进行无量纲化处理。无量纲化的方法有数据初值化、数据均值化、数据极差化和数据标准化，常用的是数据均值化和初值化。

设原始序列的 $n + 1$ 个序列为 $\{x_i^{(0)}(k)\}$ （$i = 0, 1, \cdots, n$；$k = 1, 2, \cdots, m$），则均值化处理后的新序列为

$$\{x_i^{(1)}(k)\}, \quad x_i^{(1)}(k) = \frac{x_i^{(0)}(k)}{\bar{x}_i} \tag{8-4}$$

式中，$\bar{x_i}$ 为第 i 个序列的平均值，$\bar{x_i} = \dfrac{\sum\limits_{k=1}^{m} x_i^{(0)}(k)}{m}$。

（3）确定评价矩阵。数据经无量纲化处理后，以最优指标集为参考序列，各评价对象的指标为比较序列，计算第 i 个评价对象与最优指标集的第 k 个最优指标的灰色关联系数 $L_i(k)$。

$$L_i(k) = \frac{\min\limits_{i}\min\limits_{k}|\boldsymbol{V}_k^* - \boldsymbol{V}_k^i| + \zeta\max\limits_{i}\max\limits_{k}|\boldsymbol{V}_k^* - \boldsymbol{V}_k^i|}{|\boldsymbol{V}_k^* - \boldsymbol{V}_k^i| + \zeta\max\limits_{i}\max\limits_{k}|\boldsymbol{V}_k^* - \boldsymbol{V}_k^i|}A \tag{8-5}$$

式中，ζ 为分辨系数，在 $[0, 1]$ 中取值，通常取 0.5；$\min\limits_{i}\min\limits_{k}|\boldsymbol{V}_k^* - \boldsymbol{V}_k^i|$ 为两级最小差；$\max\limits_{i}\max\limits_{k}|\boldsymbol{V}_k^* - \boldsymbol{V}_k^i|$ 为两级最大差。

各评价对象与最优指标的关联系数组成评价矩阵：

$$\boldsymbol{R} = \begin{bmatrix} L_1(1) & L_2(1) & \cdots & L_n(1) \\ L_1(2) & L_2(2) & \cdots & L_n(2) \\ \vdots & \vdots & & \vdots \\ L_1(m) & L_2(m) & \cdots & L_n(m) \end{bmatrix}$$

（4）灰色综合评价。计算各评价指标的熵权矩阵 $\boldsymbol{A}$，由评价矩阵 $\boldsymbol{R}$ 和熵权矩阵 $\boldsymbol{A}$，对各评价对象进行灰色综合评价：

$$B = \boldsymbol{A} \times \boldsymbol{R}, \quad b_i = \sum_{k=1}^{m} a_k L_i(k) \tag{8-6}$$

8.4 实证研究

有 S1、S2、S3 三个电子商务网站，按照内容指标和商业指标对网站进行综合评价，评价指标数据见表 8-1。

表 8-1 网站评价指标数据

指　标	网　　站			
	S0	S1	S2	S3
RS	0.9541	0.9541	0.8786	0.8726
HS	0.9141	0.7087	0.8606	0.9141
RVS	0.7647	0.7279	0.7539	0.7647
HUS	0.6847	0.6847	0.6463	0.6276
CVS	0.6826	0.6826	0.6739	0.6506
CVI	0.7965	0.6937	0.7335	0.7965
CVV	0.5923	0.5817	0.5923	0.5747

指 标	网 站			
	S0	S1	S2	S3
VEI	26.0000	20.0000	26.0000	23.0000
IRR	0.0125	0.0136	0.0165	0.0125
SVS	0.0183	0.0212	0.0183	0.0222
SVI	0.0983	0.1148	0.1265	0.0983
SVV	0.0158	0.0158	0.0184	0.0167
AOA	256.0000	206.0000	220.0000	256.0000
CR	0.6752	0.6639	0.6752	0.6652
SPV	156.0000	156.0000	130.0000	138.0000
CPO	98.0000	110.0000	106.0000	98.0000
ROR	6.2063	5.4527	6.2063	5.5688
CPV	48.0000	60.0000	53.0000	48.0000

以上数据根据网站监测的流量数据计算而来，应用前述熵权指标的计算方法，得到指标权重向量为：

w = (0.007003, 0.013119, 0.009293, 0.002330, 0.001825, 0.003776,

0.000160, 0.013233, 0.078935, 0.251767, 0.042802, 0.464156,

0.033316, 0.001585, 0.040281, 0.009085, 0.017589, 0.009744)

评价指标首页回弹率（IRR）、浏览用户比率（SVS）、浏览用户指数（SVI）、浏览用户量（SVV）、单笔订单成本（CPO）、单个访问者成本（CPV）取最小值，其他指标取最大值，建立最优指标集 S0，利用灰色关联度方法计算网站 S1、S2、S3 与最优指标集 S0 的关联系数，见表 8-2。

表 8-2 灰色关联系数

指 标	网 站		
	S1	S2	S3
RS	1.0000	0.6376	0.6197
HS	0.3752	0.6974	1.0000
RVS	0.7481	0.9101	1.0000
HUS	1.0000	0.7142	0.6269
CVS	1.0000	0.9182	0.7531
CVI	0.5161	0.6350	1.0000
CVV	0.8891	1.0000	0.8284
VEI	0.3650	1.0000	0.5348

续表 8-2

指 标	网 站		
	S1	S2	S3
IRR	0.6452	0.3333	1.0000
SVS	0.5003	1.0000	0.4268
SVI	0.4907	0.3605	1.0000
SVV	1.0000	0.4822	0.7290
AOA	0.4051	0.4861	1.0000
CR	0.8959	1.0000	0.9068
SPV	1.0000	0.4474	0.5391
CPO	0.5548	0.6515	1.0000
ROR	0.5302	1.0000	0.5716
CPV	0.3873	0.6027	1.0000

由公式（8-6）对网站进行灰色综合评价，各网站灰色关联度为：

$$\xi = (0.546464, 0.619779, 0.833583)$$

8.5 结论

三个网站综合评价次序为：S3>S2>S1。评价指标中权重较大的为首页回弹率（Reject Rate/Bounce Rate）、访问者参与指数（Visitor Engagement Index）、提袋率（Handbag Share）、浏览用户指数（Scanning Visitor Index），这并不是说其他指标不重要，而是因为其他指标值较为接近，计算指标熵权时，区分度不高。

提高网站竞争力应进一步增强网站内容建设，优化网站布局，使访问者能尽快找到自己想要的商品，同时还应开展有针对性的网络营销，有效降低非目标顾客的访问量，进而提高网站吸引力和访客回头率，降低网站首页回弹率。

参 考 文 献

[1] Loiacono E T, Watson R T, Goodhue D L. Web Qual：A Webslte Qualiy Instrument ［R］. Working Paper , Worcester Dolytechnic Institute, 2011, 2（1）：31~46.

[2] 张小栓，高明，张健，等. 电子商务网站评价方法研究综述 ［J］. 情报杂志，2007，26（6）：2~6.

[3] 卢涛，董坚峰. 中美电子商务网站评价比较研究 ［J］. 情报科学，2008，26（4）：591~594.

[4] 王伟军. 电子商务网站评价研究与应用分析 ［J］. 情报科学，2001，21（6）：639~642.

[5] 邬晓鸥，李世新. 从指标的类型论网站评价指标的设置 ［J］. 情报学报，2005，24（6）：

352~356.

［6］李玉海，唐世军．电子商务网站评价［J］．图书馆理论与实践，2006（1）：64~65.

［7］潘勇，赵军民．基于顾客满意度的 B2C 电子商务网站评价［J］．现代情报，2008，28
　　（5）：220~223.

［8］李君君，陈海敏．基于因子分子和对应分析的电子商务网站评价［J］．情报科学，2008，
　　26（8）：1252~1256.

［9］王谨乐．我国电子商务网站综合评价研究与应用［D］．合肥：合肥工业大学，2008.

［10］吴祈宗．系统工程［M］．北京：北京理工大学出版社，2006.

9 基于生存分析的互联网用户在线时间实证研究

当今时代是由互联网托起的信息时代，在互联网上人们可以实现娱乐、沟通、学习、购物等大多数现实生活中的活动。在线时长是一切互联网行为的基础，因此了解互联网用户在线时间的分布及影响因素有着重要意义。

生存分析（Survival Analysis）是对生存时间进行分析的统计技术的总称。所谓生存时间（Survival Time），就是从某一时点起到所关心事件发生的时间。生存分析的基本内容包括刻画生存时间分布、生存时间组间比较、评价生存时间分布影响因子的效果。

与其他统计方法相比，生存分析可以处理删失（Censor）数据。一旦有删失存在，则必须考虑删失。无视删失的分析将导致偏倚的结果。生存分析的另一个特点是分析对象的生存时间非负且其分布常常右偏（右侧拖长尾），这使得通常基于正态分布理论的统计方法不一定适用，而生存分析方法可以很好地处理这一问题[1]。目前生存分析方法已广泛应用于客户流失、交通阻塞、企业生存、旅客停留、金融证券、出口贸易等问题的研究[2~14]。

本章利用生存分析方法对互联网用户在线时间分布特征和影响因素进行研究。由于在线时间很可能与互联网用户的人口统计特征和上网行为特征有密切联系，本章收集了这两方面的实际数据并进行了实证研究。

9.1 生存分析

9.1.1 基本函数

生存函数（Survival Distribution Function）和风险函数（Hazard Function）是描述生存时间分布的两个主要工具。生存函数也称累计生存概率或生存率，设非负随机变量 T 表示生存时间，则生存函数定义为随机变量 T 越过时点 t 的概率：

$$S(t) = \Pr(T > t) \tag{9-1}$$

当 $t = 0$ 时，生存函数取值为1，随着时间的推移（t 逐渐增大），生存函数的取值逐渐减小。生存函数的估计方法为非参数方法，常用的方法有 Kaplan-Meier 法等。

累积分布函数（Cumulative Distribution Function，CDF）与生存函数紧密相

关，定义为 $F(t) = 1 - S(t)$，表示随机变量 T 未超过时点 t 的概率；概率密度函数（Probability Density Function，PDF）$f(t)$ 定义为 $F(t)$ 的导数；风险函数（Hazard Function）$h(t) = f(t)/S(t)$，表示随机变量 T 已至时点 t 的条件下，在接下来的一瞬间结局事件发生的概率，即：

$$h(t) = \lim_{\Delta t} \frac{\Pr(t < T < t + \Delta t)}{\Delta t \cdot S(t)} = -\frac{\mathrm{d}(\log S(t))}{\mathrm{d}t} \tag{9-2}$$

据此同求出累积风险函数：

$$H(t) = \int_0^t h(u)\,\mathrm{d}u = -\log(S(t)) \tag{9-3}$$

显然：

$$S(t) = \exp\{-H(t)\} \tag{9-4}$$

所以，生存时间的分布既可以用生存函数来表现，也可以用累计风险函数来表现。但就像测量瞬间速度比测量距离还困难一样，对风险函数的估计较容易受到随机误差的影响，而对生存函数的估计则相对稳定，所以描述生存时间的分布更常用生存函数[1]。

9.1.2　分析方法

根据是否对参数分布做出假设，生存分析方法可以划分为参数、非参数和半参数估计方法。参数估计方法是假定生存时间服从于特定的参数分布，根据已知分布的特点进行分析，常用分布包括 Weibull 分布、指数分布和对数分布等；非参数估计方法是不对数据分布进行假定，只根据样本提供的顺序统计量进行估计，包括寿命表分析和 Kaplan-Meier 分析；半参数估计方法主要指 Cox 回归模型，用于分析生存时间和生存率的影响因素。下面对非参数和半参数估计方法进行简单介绍。

（1）寿命表分析。寿命表方法是测定死亡率和描述群体生存现象的技术之一，其实质是把相对频率表推广到删失数据的情形，估计已知在某区间起始点仍存活而在该区间死亡的条件概率和在区间结束仍存活的概率，适用于处理区间分组和大样本观察数据。

（2）Kaplan-Meier 法。又称乘积极限法，由 Kaplan 和 Meier 于 1958 年提出。假定事件发生在 D 个严格区分的时间点 t_D 上，并有 $t_1 < t_2 < \cdots < t_D$。如果在时间 t_i 处有 Y_i 个生存样本，有 d_i 个事件发生，那么在存在数据的时间范围内，乘积极限法定义为：

$$S(t) = \begin{cases} 1, & t < t_1 \\ \prod_{t_1 \leqslant t}\left(1 - \dfrac{d_i}{Y_i}\right), & t \geqslant t_1 \end{cases} \tag{9-5}$$

（3）Cox 回归模型。可以在不对生存时间的具体分布进行假设的情况下评价协变量对风险函数的影响效果，基本形式为：

$$h(X,\ t) = h_0(t)\exp(\beta^T X) = h_0(t)(\beta_1 x_1 + \cdots + \beta_p x_p) \tag{9-6}$$

式中，$h(X,\ t)$ 为具有因子向量 X 的风险函数；$h_0(t)$ 为基准风险函数；$\exp(\beta^T X)$ 为协变量函数，代表了协变量向量的影响效果；β 为影响系数，数值为正说明该变量具有增加风险的效果，为负则刚好相反。

对于不同的两个样本，其风险之比不随时间的变化而变化，因此 Cox 回归模型也称为比例风险模型（Pro-portional Hazard Model）[2]。

9.2 数据来源与处理

9.2.1 数据来源

本样本数据来自于"中国互联网数据平台（http：//www. cnidp. cn/）"，数据包提供了 1000 个随机抽取的样本用户 2012 年 5 月 7 日至 2012 年 8 月 12 日连续 4 周的行为日志。样本数据包中的数据文件分为两部分，第一部分是样本的人口属性信息（如性别、出生日期、教育水平、职业、收入水平、省份、城市、网民类型），第二部分数据是按日期归档的样本行为日志。样本用户每次开机时，都会形成一个对应的日志文件，记录下用户电脑的开机时间、开机时长，接下来，数据采集程序会以 2s 一次的频率扫描样本用户计算机的当前焦点窗口，若焦点窗口发生变化，则会在日志中追加一条记录。两部分数据通过样本 ID 关联。

9.2.2 流失条件界定与生存时间计算

生存时间是生存分析的主要内容，其大小为事件开始时间到事件发生时间的时长，若用户在分析时间点尚未流失（即右删失），则生存时间为事件开始时间到分析时间点的时长。

本章监测互联网用户在线时间的时长为 13h（分析时间点），若互联网用户的开机时间小于等于监测时长（13h），则互联网用户的生存时间为用户开机时间至最后一次扫描当前活动窗口更新时间的时长，若开机时间大于监测时长（13h），则互联网用户的生存时间为用户开机时间至分析时间点的时长，即 13h。

9.3 应用实例

9.3.1 生存时间分布

由于样本数量较大，本章选择其中一周的周日、周三两天的日志作为分析数据，使用 Kaplan-Meier 法了解 1000 个随机抽取的样本用户的生存时间分布。1000 个样本用户的中位生存时间为 3.740h，平均生存时间为 5.185h，见表 9-1。图 9-1 为样本用户的生存函数，从图中可以看出：

（1）流失速度总体悬差不大，呈现先快后慢的特点。

（2）相当比例的用户流失速度较快，60%~70%的用户在前 5h 流失。

（3）在 5h 后，用户流失速度下降，至 9h，剩余约 20%用户，流失速度趋于平稳。

表 9-1　生存表的均值和中位数

均　值[①]				中　位　数			
估计值	标准误差	95%置信区间		估计值	标准误差	95%置信区间	
		下限值	上限值			下限值	上限值
5.185	0.110	4.969	5.401	3.740	0.141	3.464	4.016

①如果估计值已删失，那么它将限制为最长的生存时间。

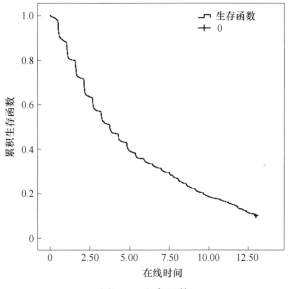

图 9-1　生存函数

9.3.2　分组对比分析

互联网用户在线时长可能受到人口属性信息（性别、出生日期、教育水平、职业、收入水平、省份、城市、网民类型）和上网行为信息（进程数、单进程持续时间）的影响。不同属性分组生存函数的差异需要通过检验来判断差异是由于抽样误差造成还是由于属性取值的不同造成。组间生存函数差异的检验方法分为三种：Log Rank 法、Breslow 法（即广义 Wilcoxon 法）和 Tarone-Ware 法。三种方法的主要区别是各时点权重不同。Log Rank 法在各试点的权重均为 1，Breslow 法在各时点的权重等于各时点前的尚存人数，Tarone-Ware 法在各时点的权重介于上述两种方法之间，等于各时点前的尚存人数的平方根。因此，对于一开始粘在一起，随着时间的推移越拉越开的生存曲线，Log Rank 法较 Breslow 法容易得到差异有显著性的结果。反之，对于一开始相差很大，随着时间的推移反而越来越接近的生存曲线，Breslow 法更容易得到有差异的建议结果。Tarone-Ware 法介于两者之间[1]。

经检测，性别、教育水平、职业、网民类型、是否周末未通过检验，其分组对互联网用户在线时间不具有统计学意义，出生年代、收入水平通过 Log Rank 统计检验，上网行为属性开机时段、进程数和单进程时长三种统计检验方法均通过，属性分组对在线时间的影响具有统计学区别。

（1）开机时段对比分析。

开机时段整体比较见表 9-2。

表 9-2　开机时段整体比较

项　目	卡方	df	Sig.
Log Rank（Mantel-Cox）	242.533	4	0.000
Breslow（Generalized Wilcoxon）	159.633	4	0.000
Tarone-Ware	194.901	4	0.000

上网时段的不同水平检验生存分布等同性，见表 9-3。

表 9-3　开机时段生存表均值和中位数

上网时段	均　值①				中位数			
	估计值	标准误差	95%置信区间		估计值	标准误差	95%置信区间	
			下限值	上限值			下限值	上限值
0~7 时	4.960	0.321	4.331	5.590	3.250	0.406	2.455	4.045
7~12 时	6.127	0.154	5.825	6.430	4.820	0.312	4.209	5.431
12~14 时	3.919	0.327	3.277	4.561	2.800	0.536	1.749	3.851
14~19 时	4.163	0.182	3.807	4.520	4.290	0.338	3.628	4.952
19~24 时	2.007	0.089	1.833	2.181	2.130	0.051	2.029	2.231
整体	5.185	0.110	4.969	5.401	3.740	0.141	3.464	4.016

①如果估计值已删失，那么它将限制为最长的生存时间。

　　表9-2给出了不同开机时段分组比较的检验结果，三种统计检验方法均显示，不同开机时段在线时间的生存率差别有统计学意义。表9-3中可见，上午（7时～12时）开机的用户在线时间最长，均值6.127小时，中位数4.820小时，其次为凌晨（0时～7时）和下午（14～19时）开机的用户，下午（14～19时）开机的用户，在线时间较稳定（均值4.163，中位数4.290）；凌晨（0时～7时）开机的用户，在线时间差异较大（均值4.960，中位数3.250）；晚上（19～24时）开机的用户，在线时间最短（均值2.007）；中午（12～14时）开机的用户，在线时间也较短（均值3.919），且在线时间差异较大（均值3.919，中位数2.800）。

　　图9-2生存函数也显示晚上（19～24时）和中午（12～14时）开机的样本用户流失速度最快，上午（7时～12时）和凌晨（0时～7时）开机的样本用户流失速度最慢。

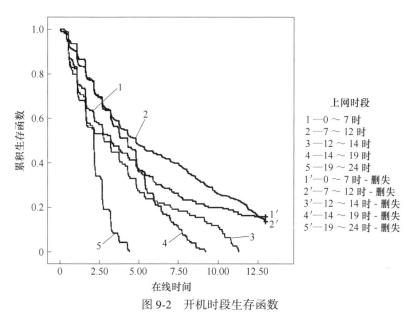

图9-2　开机时段生存函数

（2）单进程时长对比分析。

单进程时长整体比较见表9-4。

表 9-4　单进程时长时间整体比较

项　目	卡方	df	Sig.
Log Rank（Mantel-Cox）	1337.021	5	0.000
Breslow（Generalized Wilcoxon）	1094.209	5	0.000
Tarone-Ware	1219.655	5	0.000

单进程时长的不同水平检验生存分布等同性，见表9-5。

表9-5 单进程时长生存表均值和中位数

单进程时长	均值①				中位数			
	估计值	标准误差	95%置信区间		估计值	标准误差	95%置信区间	
			下限值	上限值			下限值	上限值
1~15min	1.954	0.056	1.845	2.064	1.640	0.015	1.611	1.669
15~30min	5.199	0.157	4.892	5.506	4.510	0.141	4.234	4.786
30~60min	9.363	0.180	9.011	9.716	9.770	0.294	9.193	10.347
60~120min	11.288	0.247	10.803	11.772	12.460	0.289	11.893	13.027
120~180min	10.780	0.804	9.203	12.357				
180min以上	5.997	1.238	3.570	8.424	5.220	5.478	0.000	15.957
整体	5.185	0.110	4.969	5.401	3.740	0.141	3.464	4.016

①如果估计值已删失,那么它将限制为最长的生存时间。

表9-4给出了单进程时长分组比较的检验结果,三种统计检验方法均显示,不同单进程时长的生存率差别有统计学意义。表9-5中可见,单进程时长30~180min的用户在线时间较长;单进程时长15~30min或单进程时长时间180min以上(可能已离开)的用户在线时间较短;单进程时长1~15min的用户在线时间最短,均值1.954h,中位数1.640h。

图9-3生存函数也显示单进程时长1~30min的样本用户流失速度最快,单进程时长30~180min的样本用户流失速度最慢,单进程时长180min以上的用户在

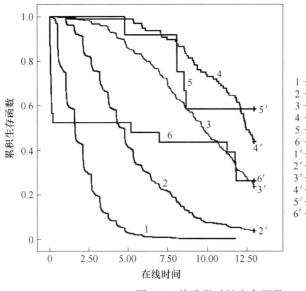

图9-3 单进程时长生存函数

开始的 30min 流失速度非常快，流失近 50%，之后流失速度趋于平稳，阶梯下降；单进程时长 1~15min 的用户在 5h 之内非常平稳，在线时间超过 5h 后流失速度加快。

（3）出生年代对比分析。

出生年代的不同水平检验生存分布等同性，见表 9-6。

表 9-6　出生年代生存表均值和中位数

出生年代	均 值①				中位数			
	估计值	标准误差	95%置信区间		估计值	标准误差	95%置信区间	
			下限值	上限值			下限值	上限值
30 后	1.865	0.195	1.483	2.247	1.670			
40 后	3.066	0.952	1.200	4.932	1.070	2.185	0.000	5.353
50 后	5.962	0.832	4.331	7.593	4.270	1.585	1.164	7.376
60 后	5.936	0.397	5.159	6.714	4.830	0.425	3.996	5.664
70 后	4.927	0.221	4.493	5.361	3.400	0.278	2.855	3.945
80 后	5.145	0.155	4.840	5.449	3.570	0.192	3.193	3.947
90 后	5.310	0.283	4.755	5.865	3.750	0.334	3.095	4.405
00 后	4.198	2.118	0.046	8.350	1.050	0.290	0.481	1.619
整体	5.185	0.110	4.969	5.401	3.740	0.141	3.464	4.016

①如果估计值已删失，那么它将限制为最长的生存时间。

表 9-7 显示出生年代分组对比 Log Rank 统计检验值 Sig. = 0.047≤0.5，按出生年代分组，生存率差别具有统计学意义。无论是均值还是中位数，表 9-7 均显示 50 年代和 60 年代出生的样本用户在线时间最长，其次为 90 年代、80 年代和 70 年代出生的样本用户，老人（40 年代、30 年代出生）和孩子（2000 年出生）在线时间最短。整体在线时间平均 5.185h，中位数 3.740h。

表 9-7　出生年代整体比较

项　目	卡方	df	Sig.
Log Rank（Mantel-Cox）	14.264	7	0.047
Breslow（Generalized Wilcoxon）	11.913	7	0.103
Tarone-Ware	12.649	7	0.081

图 9-4 生存函数显示 2000 年后出生、30 年代出生、40 年代出生的样本用户流失速度最快，50 年代出生的样本用户流失速度最慢，70 年代和 80 年代出生的样本用户流失速度区别不大。

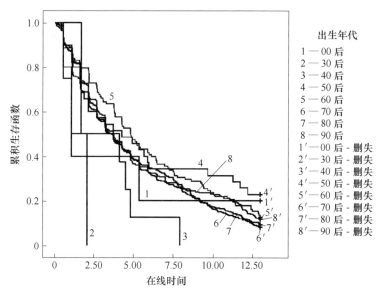

图 9-4　出生年代生存函数

（4）收入水平对比分析。

收入水平整体比较见表 9-8。

表 9-8　收入水平整体比较

项　　目	卡方	df	Sig.
Log Rank（Mantel−Cox）	16.897	9	0.050
Breslow（Generalized Wilcoxon）	11.409	9	0.249
Tarone−Ware	14.168	9	0.116

收入水平的不同水平检验生存分布等同性，见表 9-9。

表 9-9　收入水平生存表均值和中位数

收入水平	均　值①				中　位　数			
	估计值	标准误差	95%置信区间		估计值	标准误差	95%置信区间	
			下限值	上限值			下限值	上限值
无收入	4.953	0.267	4.429	5.477	3.270	0.301	2.681	3.859
500 元及以下	6.059	0.715	4.658	7.459	4.780	0.864	3.086	6.474
501～1000 元	4.396	0.534	3.350	5.442	2.670	0.286	2.110	3.230
1001～1500 元	5.408	0.459	4.508	6.308	3.860	0.890	2.116	5.604
1501～2000 元	5.632	0.361	4.924	6.340	3.690	0.393	2.920	4.460
2001～3000 元	5.037	0.219	4.607	5.466	3.770	0.287	3.207	4.333

续表9-9

收入水平	均 值①				中 位 数			
	估计值	标准误差	95%置信区间		估计值	标准误差	95%置信区间	
			下限值	上限值			下限值	上限值
3001~5000 元	5.124	0.227	4.680	5.569	3.740	0.268	3.215	4.265
5001~8000 元	6.016	0.392	5.248	6.784	4.910	0.532	3.867	5.953
8001~12000 元	4.334	0.595	3.167	5.501	2.670	0.843	1.017	4.323
12000 元以上	4.185	0.529	3.147	5.223	3.760	0.547	2.687	4.833
整体	5.185	0.110	4.969	5.401	3.740	0.141	3.464	4.016

①如果估计值已删失，那么它将限制为最长的生存时间。

表 9-8 显示收入水平分组对比 Log Rank 统计检验值 Sig. = 0.050≤0.5，按收入水平分组，生存率差别具有统计学意义。无论是均值还是中位数，表 9-9 均显示月收入 5001~8000 元及月收入 500 元及以下的样本用户在线时间最长，其次为月收入在 1001~5000 元之间的样本用户，无收入者、月收入 8000 以上者在线时间最短。

图 9-5 生存函数显示月收入 12000 元以上样本用户流失速度最快，月收入 500 元及以下及月收入 5001~8000 元的样本用户流失速度最慢，月收入 1000~1500 元的样本用户流失速度也较慢，其余收入组的样本用户流失速度区别不大。

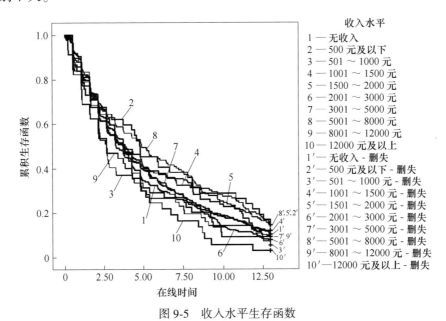

图 9-5 收入水平生存函数

9.4 影响因素分析

为了解生存时间的影响因素，本章选择样本人口属性信息和上网行为信息的影响用户行为信息分析在线时间的影响因素，分析变量包括：（1）进程数：样本用户在线期间打开的进程数；（2）单进程时长：单进程平均持续时长，单位为 min；（3）开机时段：样本用户开机时间所处时段；（4）收入水平：样本用户月收入情况；（5）出生年代。使用 Cox 模型进行分析，结果见表9-10。

表 9-10　模型系数的综合测试①

-2 倍对数似然值	整体（得分）			从上一步骤开始更改			从上一块开始更改		
	卡方	f	Sig.	卡方	f	Sig.	卡方	f	Sig.
14878.389	562.758	4	0.000	2325.613	4	0.000	2325.613	4	0.000

①起始块编号 1. 方法 = 输入。

表 9-10 给出了总模型的检验结果，P 值为 0.000，说明和无任何自变量的无效模型相比存在差异，即模型对预测互联网用户在线时间是有统计学意义的。

表 9-11　方程中的变量

项　目	B	SE	Wald	f	Sig.	Exp（B）
PNum	-0.219	0.008	784.534		0.000	0.803
Avg Pro Last	-0.140	0.004	993.198		0.000	0.869
Start Hour			4.202		0.379	
Start Hour（1）	0.009	0.121	0.006		0.940	1.009
Start Hour（2）	-0.086	0.100	0.731		0.392	0.918
Start Hour（3）	0.023	0.131	0.031		0.859	1.024
Start Hour（4）	-0.168	0.119	1.991		0.158	0.845
Income	0.007	0.014	0.250		0.617	1.007
Birth Time			7.650		0.365	
Birth Time（1）	0.745	0.510	2.135		0.144	2.106
Birth Time（2）	0.951	0.719	1.750		0.186	2.588
Birth Time（3）	0.531	0.368	2.085		0.149	1.701
Birth Time（4）	-0.178	0.212	0.704		0.401	0.837
Birth Time（5）	-0.057	0.135	0.181		0.671	0.944
Birth Time（6）	0.005	0.108	0.002		0.967	1.005
Birth Time（7）	-0.033	0.093	0.126		0.722	0.967

表 9-11 给出了各自变量的检验结果, 收入 (Income)、出生年代 (Birth Time) 和开机时间 (Start Hour) 组别 P 值大于 0.05, 无统计学意义。进程数 (PNum) 和单进程时长 (AvgProLast) 组别 P 值 (0.000) 小于 0.05, 具有统计学意义。

进程数 (PNum) 和单进程时长 (Avg Pro Last) 这 2 个变量对用户在线时间有显著性影响。系数为正说明该分析变量数值越高, 流失风险越大; 系数为负则刚好相反, 变量数值越高, 流失风险越低。由于这几个变量都是连续性变量, 所以其效果估计值所衡量的是数值大于 1 的用户相对于数值小于 1 的用户的流失风险比。以单进程时长 (AvgProLast) 为例, 系数估计值为 −0.140, 说明在其他因素保持不变的前提下, 数值大于 1 的用户的流失风险是数值小于 1 的用户的 0.869 倍。

9.5 结论

本章以随机抽取的 1000 个的样本用户 2012 年 5 月 7 日至 2012 年 8 月 12 日连续 4 周其中两天的行为日志作为分析数据, 使用 Kaplan-Meier 法对用户属性进行了分组对比分析, 发现互联网用户在线时间和用户出生年代、收入水平、开机时段、单进程时长有显著关系, 同时使用 Cox 回归模型对互联网用户在线时间的影响因素进行了分析, 发现互联网用户在线时间与用户的人口属性信息关联不大, 但与用户的上网行为属性 (开启进程数和单进程持续时间) 有显著关系。

参 考 文 献

[1] 张文彤, 董伟. SPSS 统计分析高级教程 [M]. 2 版. 北京: 高等教育出版社, 2013.

[2] 赖院根, 刘砺利. 基于生存分析的信息用户流失研究与实证 [J]. 情报杂志, 2011, 30 (4): 129~132.

[3] 郑浩, 赵翔. 基于生存分析的顾客流失预测及挽救效果研究 [J]. 科技管理研究, 2013 (1): 97~99.

[4] 王中江. 基于生存分析的顾客生存时间影响因素研究——以汽车行业为例 [J]. 长春理工大学学报 (社会科学版), 2013 (11): 91~92.

[5] 王未卿, 姚娆, 刘澄. 商业银行客户流失的影响因素——基于生存分析方法的研究 [J]. 金融论坛, 2014 (1): 8~12.

[6] 环梅, 杨小宝, 贾斌. 基于生存分析方法的非机动车闯红灯行为研究 [J]. 北京理工大学学报, 2013, 33 (8): 815~819.

[7] 卢守峰, 王红茹, 刘喜敏. 基于生存分析法的行人过街最大等待时间研究 [J]. 交通信息与安全, 2009, 27 (5): 69~71.

[8] 周映雪, 杨小宝, 环梅, 等. 基于生存分析的城市道路交通拥堵持续时间研究 [J]. 应用

数学和力学，2013，34（1）：98~106.

[9] 吴冰，王重鸣. 高新技术创业企业生存分析 [J]. 管理评论，2006，18（4）：22~25.

[10] 曹裕，陈晓红，王傅强. 中小企业生存分析——以湖南省工业企业为样本 [J]. 科研管理，2011，32（5）：103~111.

[11] 王尔大，李花，Bertis B. Little. 基于生存分析模型的游客停留天数影响因素分析——以大连滨海旅游为例 [J]. 运筹与管理，2014，23（1）：123~130.

[12] 雷鸣，叶五一，缪柏其，等. 生存分析与股指涨跌的概率推断 [J]. 管理科学学报，2010，13（4）：57~66.

[13] 雷鸣，缪柏其. 运用生存分析与极值理论对上证指数的研究 [J]. 数量经济技术经济研究，2004，21（11）：130~137.

[14] 杜运苏，陈小文. 我国农产品出口贸易关系的生存分析——基于 CoxPH 模型 [J]. 农业技术经济，2014（5）：102~106.

[15] 张文彤，钟云飞. 数据分析与挖掘实战案例精华 [M]. 北京：清华大学出版社，2013.

附录 A 客户忠诚度预测测试数据集

表 1 客户忠诚度预测测试数据集

Customer Key	Lifetime Day	Last Order Day	Ave Money Order	Ave Money Year	Ave Order Year	Order Ave Days	Total Orders	Products Num	Is Lost
11009	0.7649	0.9743	¥0.45	¥0.61	0.0597	0.3089	0.0597	0.0597	1
11036	0.0000	0.3295	¥0.33	¥0.18	0.0149		0.0149	0.0149	0
11060	0.7613	0.9290	¥0.38	¥0.61	0.0746	0.2561	0.0746	0.0746	1
11072	0.7411	0.9183	¥0.33	¥0.62	0.0896	0.2136	0.0896	0.0896	1
11074	0.0597	0.2762	¥0.00	¥0.01	0.0896	0.0169	0.0896	0.0896	0
11080	0.7392	0.9094	¥0.33	¥0.62	0.0896	0.2131	0.0896	0.0896	1
11082	0.2645	0.3295	¥0.14	¥0.23	0.0746	0.0888	0.0746	0.0746	1
11108	0.7181	0.8890	¥0.45	¥0.61	0.0597	0.2900	0.0597	0.0597	1
11112	0.7631	0.8695	¥0.39	¥0.62	0.0746	0.2567	0.0746	0.0746	1
11120	0.7888	0.8792	¥0.23	¥0.62	0.1343	0.1591	0.1343	0.1343	1
11121	0.1221	0.1936	¥0.00	¥0.01	0.0746	0.0408	0.0746	0.0746	0
11146	0.2039	0.3171	¥0.00	¥0.01	0.0896	0.0586	0.0896	0.0896	0
11187	0.1148	0.2664	¥0.01	¥0.01	0.0448	0.0577	0.0448	0.0448	0
11191	0.7512	0.8002	¥0.27	¥0.51	0.0896	0.2166	0.0896	0.0896	1
11205	0.0670	0.1643	¥0.00	¥0.00	0.0149	0.0674	0.0149	0.0149	0
11210	0.1130	0.2371	¥0.00	¥0.01	0.0597	0.0453	0.0597	0.0597	0
11230	0.1341	0.1741	¥0.00	¥0.00	0.0597	0.0539	0.0597	0.0597	0
11297	0.4711	0.7593	¥0.33	¥0.45	0.0597	0.1901	0.0597	0.0597	1
11307	0.4803	0.7789	¥0.33	¥0.45	0.0597	0.1938	0.0597	0.0597	1
11309	0.1653	0.1803	¥0.00	¥0.00	0.0299	0.1110	0.0299	0.0299	0
11310	0.1231	0.1501	¥0.00	¥0.01	0.0448	0.0619	0.0448	0.0448	0
11324	0.4573	0.7593	¥0.42	¥0.45	0.0448	0.2308	0.0448	0.0448	1
11330	0.3159	0.3108	¥0.00	¥0.09	0.8358	0.0109	0.8358	0.8358	0
11331	0.3223	0.3153	¥0.01	¥0.10	0.8508	0.0109	0.8508	0.8508	0
11349	0.0000	0.0133	¥0.01	¥0.00	0.0299		0.0299	0.0299	0
11374	0.0000	0.2558	¥0.01	¥0.01	0.0299		0.0299	0.0299	0
11424	0.0000	0.2504	¥0.01	¥0.00	0.0149		0.0149	0.0149	0

Customer Key	Lifetime Day	Last Order Day	Ave Money Order	Ave Money Year	Ave Order Year	Order Ave Days	Total Orders	Products Num	Is Lost
11440	0.0000	0.2727	¥0.01	¥0.01	0.0149		0.0149	0.0149	0
11444	0.6722	0.8632	¥0.45	¥0.61	0.0597	0.2714	0.0597	0.0597	1
11450	0.6602	0.8384	¥0.25	¥0.61	0.1194	0.1480	0.1194	0.1194	1
11455	0.6428	0.8366	¥0.45	¥0.61	0.0597	0.2595	0.0597	0.0597	1
11476	0.0000	0.0782	¥0.01	¥0.00	0.0000		0.0000	0.0000	0
11486	0.0000	0.0577	¥0.01	¥0.00	0.0000		0.0000	0.0000	0
11499	0.0771	0.2638	¥0.01	¥0.01	0.0746	0.0257	0.0746	0.0746	0
11518	0.0138	0.0826	¥0.00	¥0.01	0.0746	0.0043	0.0746	0.0746	0
11539	0.5041	0.7620	¥0.28	¥0.45	0.0746	0.1695	0.0746	0.0746	1
11562	0.0000	0.1918	¥0.01	¥0.01	0.0149		0.0149	0.0149	0
11593	0.8081	0.9796	¥0.55	¥0.44	0.0299	0.5441	0.0299	0.0299	1
11643	0.0680	0.2504	¥0.01	¥0.01	0.0597	0.0272	0.0597	0.0597	0
11648	0.0046	0.1359	¥0.01	¥0.01	0.0149	0.0043	0.0149	0.0149	0
11658	0.0845	0.2487	¥0.01	¥0.01	0.0597	0.0338	0.0597	0.0597	0
11659	0.2222	0.2345	¥0.01	¥0.02	0.1343	0.0446	0.1343	0.1343	0
11688	0.4601	0.7540	¥0.33	¥0.45	0.0597	0.1857	0.0597	0.0597	1
11711	0.3242	0.3153	¥0.01	¥0.08	0.8060	0.0116	0.8060	0.8060	0
11800	0.0028	0.1519	¥0.00	¥0.01	0.0448	0.0011	0.0448	0.0448	0
11823	0.2296	0.2265	¥0.00	¥0.02	0.2239	0.0287	0.2239	0.2239	0
11827	0.2681	0.3037	¥0.01	¥0.04	0.2090	0.0358	0.2090	0.2090	0
11885	0.4270	0.7309	¥0.55	¥0.44	0.0299	0.2874	0.0299	0.0299	1
11894	0.5996	0.7629	¥0.25	¥0.62	0.1194	0.1343	0.1194	0.1194	1
11899	0.6180	0.7789	¥0.33	¥0.62	0.0896	0.1781	0.0896	0.0896	1
11923	0.3040	0.3108	¥0.01	¥0.00	0.0149	0.3068	0.0149	0.0149	1
11943	0.7227	0.7398	¥0.19	¥0.36	0.0896	0.2083	0.0896	0.0896	1
11967	0.6006	0.7354	¥0.38	¥0.61	0.0746	0.2020	0.0746	0.0746	1
12041	0.5510	0.7203	¥0.28	¥0.45	0.0746	0.1853	0.0746	0.0746	1
12067	0.0854	0.2478	¥0.01	¥0.01	0.0597	0.0342	0.0597	0.0597	0
12068	0.1322	0.1838	¥0.01	¥0.01	0.0299	0.0888	0.0299	0.0299	0
12076	0.4564	0.7247	¥0.82	¥0.44	0.0149	0.4609	0.0149	0.0149	1
12120	0.5822	0.7256	¥0.55	¥0.44	0.0299	0.3919	0.0299	0.0299	1

Customer Key	Lifetime Day	Last Order Day	Ave Money Order	Ave Money Year	Ave Order Year	Order Ave Days	Total Orders	Products Num	Is Lost
12138	0.0028	0.1359	¥0.01	¥0.01	0.0597	0.0008	0.0597	0.0597	0
12140	0.1368	0.2131	¥0.00	¥0.01	0.1343	0.0273	0.1343	0.1343	0
12160	0.4371	0.7123	¥0.42	¥0.45	0.0448	0.2205	0.0448	0.0448	1
12204	0.1332	0.3242	¥0.00	¥0.01	0.0896	0.0381	0.0896	0.0896	0
12209	0.4509	0.6865	¥0.55	¥0.44	0.0299	0.3034	0.0299	0.0299	1
12244	0.0826	0.3073	¥0.01	¥0.01	0.0448	0.0415	0.0448	0.0448	0
12255	0.7824	0.9272	¥0.55	¥0.44	0.0299	0.5268	0.0299	0.0299	1
12277	0.3728	0.5808	¥0.20	¥0.43	0.1045	0.0939	0.1045	0.1045	1
12282	0.3196	0.5719	¥0.48	¥0.38	0.0299	0.2150	0.0299	0.0299	1
12286	0.3095	0.5524	¥0.16	¥0.40	0.1194	0.0692	0.1194	0.1194	1
12290	0.7539	0.8863	¥0.82	¥0.44	0.0149	0.7615	0.0149	0.0149	1
12293	0.1212	0.2140	¥0.01	¥0.01	0.0448	0.0609	0.0448	0.0448	0
12298	0.4380	0.4663	¥0.22	¥0.61	0.1343	0.0882	0.1343	0.1343	1
12351	0.2002	0.1945	¥0.01	¥0.01	0.0896	0.0575	0.0896	0.0896	0
12377	0.0000	0.1936	¥0.01	¥0.00	0.0000		0.0000	0.0000	0
12383	0.7346	0.8641	¥0.82	¥0.44	0.0149	0.7420	0.0149	0.0149	1
12388	0.3425	0.4743	¥0.41	¥0.33	0.0299	0.2304	0.0299	0.0299	1
12394	0.3333	0.5249	¥0.31	¥0.42	0.0597	0.1344	0.0597	0.0597	1
12420	0.0000	0.2833	¥0.00	¥0.00	0.0299		0.0299	0.0299	0
12430	0.2433	0.2513	¥0.01	¥0.02	0.1493	0.0444	0.1493	0.1493	0
12472	0.0000	0.1528	¥0.01	¥0.00	0.0000		0.0000	0.0000	0
12482	0.0000	0.0302	¥0.01	¥0.00	0.0000		0.0000	0.0000	0
12491	0.0000	0.1590	¥0.01	¥0.01	0.0299		0.0299	0.0299	0
12505	0.0000	0.2957	¥0.00	¥0.00	0.0149		0.0149	0.0149	0
12532	0.0817	0.1101	¥0.01	¥0.02	0.1194	0.0180	0.1194	0.1194	0
12534	0.0000	0.1261	¥0.00	¥0.00	0.0000		0.0000	0.0000	0
12569	0.0000	0.1696	¥0.01	¥0.01	0.0299		0.0299	0.0299	0
12577	0.5354	0.6332	¥0.24	¥0.20	0.0299	0.3604	0.0299	0.0299	1
12584	0.5923	0.6377	¥0.24	¥0.20	0.0299	0.3987	0.0299	0.0299	1
12586	0.6051	0.6439	¥0.37	¥0.20	0.0149	0.6112	0.0149	0.0149	1
12592	0.1497	0.1909	¥0.00	¥0.00	0.0448	0.0753	0.0448	0.0448	0

Customer Key	Lifetime Day	Last Order Day	Ave Money Order	Ave Money Year	Ave Order Year	Order Ave Days	Total Orders	Products Num	Is Lost
12599	0.3287	0.4698	¥0.20	¥0.42	0.1045	0.0827	0.1045	0.1045	1
12603	0.1570	0.2638	¥0.01	¥0.01	0.0597	0.0632	0.0597	0.0597	0
12648	0.2020	0.4369	¥0.24	¥0.51	0.1045	0.0507	0.1045	0.1045	1
12663	0.0000	0.0639	¥0.01	¥0.01	0.0299		0.0299	0.0299	0
12668	0.5390	0.6377	¥0.38	¥0.51	0.0597	0.2176	0.0597	0.0597	1
12688	0.5262	0.6137	¥0.32	¥0.52	0.0746	0.1769	0.0746	0.0746	1
12719	0.0000	0.1794	¥0.00	¥0.00	0.0149		0.0149	0.0149	0
12721	0.0000	0.2389	¥0.00	¥0.00	0.0149		0.0149	0.0149	1
12729	0.0634	0.2167	¥0.00	¥0.00	0.0448	0.0317	0.0448	0.0448	0
12739	0.0000	0.1901	¥0.01	¥0.00	0.0000		0.0000	0.0000	0
12740	0.0064	0.0311	¥0.01	¥0.01	0.0597	0.0023	0.0597	0.0597	0
12788	0.0000	0.1838	¥0.01	¥0.00	0.0149		0.0149	0.0149	0
12789	0.5914	0.6812	¥0.33	¥0.45	0.0597	0.2387	0.0597	0.0597	1
12818	0.0000	0.0551	¥0.01	¥0.01	0.0299		0.0299	0.0299	0
12834	0.6841	0.7123	¥0.82	¥0.44	0.0149	0.6910	0.0149	0.0149	1
12884	0.5987	0.6981	¥0.55	¥0.44	0.0299	0.4030	0.0299	0.0299	1
12911	0.0000	0.0195	¥0.00	¥0.00	0.0149		0.0149	0.0149	0
12915	0.6152	0.6927	¥0.33	¥0.44	0.0597	0.2484	0.0597	0.0597	1
12928	0.2103	0.2798	¥0.01	¥0.02	0.1343	0.0422	0.1343	0.1343	0
12940	0.1221	0.2043	¥0.01	¥0.01	0.0597	0.0491	0.0597	0.0597	0
12946	0.0000	0.1181	¥0.01	¥0.01	0.0299		0.0299	0.0299	0
12947	0.6116	0.6750	¥0.31	¥0.34	0.0448	0.3087	0.0448	0.0448	1
12970	0.1607	0.2425	¥0.01	¥0.04	0.2090	0.0213	0.2090	0.2090	0
12981	0.4233	0.6563	¥0.34	¥0.36	0.0448	0.2136	0.0448	0.0448	1
13007	0.5170	0.5888	¥0.32	¥0.43	0.0597	0.2087	0.0597	0.0597	1
13061	0.0000	0.1279	¥0.01	¥0.00	0.0149		0.0149	0.0149	0
13067	0.4279	0.6572	¥0.21	¥0.23	0.0448	0.2159	0.0448	0.0448	1
13076	0.4986	0.5746	¥0.38	¥0.52	0.0597	0.2012	0.0597	0.0597	1
13081	0.4950	0.5426	¥0.38	¥0.51	0.0597	0.1998	0.0597	0.0597	1
13089	0.4977	0.5497	¥0.32	¥0.51	0.0746	0.1673	0.0746	0.0746	1
13102	0.0000	0.2620	¥0.13	¥0.18	0.0597		0.0597	0.0597	0

续表 1

Customer Key	Lifetime Day	Last Order Day	Ave Money Order	Ave Money Year	Ave Order Year	Order Ave Days	Total Orders	Products Num	Is Lost
13112	0.5051	0.5302	¥0.18	¥0.43	0.1194	0.1131	0.1194	0.1194	1
13168	0.0000	0.1101	¥0.01	¥0.01	0.0299		0.0299	0.0299	0
13206	0.1809	0.3064	¥0.00	¥0.01	0.1493	0.0329	0.1493	0.1493	0
13213	0.0000	0.2895	¥0.01	¥0.00	0.0000		0.0000	0.0000	0
13215	0.0000	0.1501	¥0.00	¥0.01	0.0448		0.0448	0.0448	0
13231	0.1341	0.2478	¥0.01	¥0.02	0.1493	0.0243	0.1493	0.1493	0
13237	0.4040	0.6323	¥0.32	¥0.34	0.0448	0.2038	0.0448	0.0448	1
13242	0.0000	0.0986	¥0.01	¥0.00	0.0149		0.0149	0.0149	0
13248	0.5932	0.6474	¥0.31	¥0.34	0.0448	0.2994	0.0448	0.0448	1
13252	0.1736	0.3943	¥0.38	¥0.51	0.0597	0.0698	0.0597	0.0597	1
13269	0.5987	0.6359	¥0.31	¥0.34	0.0448	0.3022	0.0448	0.0448	1
13287	0.4233	0.6368	¥0.67	¥0.36	0.0149	0.4275	0.0149	0.0149	1
13296	0.0000	0.2727	¥0.01	¥0.00	0.0000		0.0000	0.0000	0
13316	0.4059	0.6252	¥0.26	¥0.34	0.0597	0.1638	0.0597	0.0597	1
13340	0.4197	0.6306	¥0.25	¥0.34	0.0597	0.1693	0.0597	0.0597	1
13366	0.0349	0.2194	¥0.33	¥0.36	0.0448	0.0173	0.0448	0.0448	1
13372	0.0000	0.3179	¥0.01	¥0.01	0.0149		0.0149	0.0149	0
13373	0.0000	0.2691	¥0.00	¥0.01	0.0448		0.0448	0.0448	0
13378	0.4197	0.6465	¥0.21	¥0.34	0.0746	0.1411	0.0746	0.0746	1
13410	0.0000	0.2087	¥0.00	¥0.00	0.0149		0.0149	0.0149	0
13411	0.1598	0.3703	¥0.38	¥0.51	0.0597	0.0643	0.0597	0.0597	1
13418	0.0928	0.2380	¥0.33	¥0.36	0.0448	0.0466	0.0448	0.0448	1
13435	0.4187	0.6057	¥0.27	¥0.36	0.0597	0.1690	0.0597	0.0597	1
13463	0.0000	0.0675	¥0.01	¥0.01	0.0299		0.0299	0.0299	0
13471	0.0000	0.2247	¥0.00	¥0.00	0.0149		0.0149	0.0149	0
13476	0.0000	0.1998	¥0.01	¥0.01	0.0149		0.0149	0.0149	0
13507	0.0055	0.2522	¥0.00	¥0.00	0.0299	0.0034	0.0299	0.0299	0
13511	0.6832	0.6989	¥0.34	¥0.45	0.0597	0.2758	0.0597	0.0597	1
13531	0.0000	0.1288	¥0.02	¥0.01	0.0000		0.0000	0.0000	0
13541	0.7833	0.9458	¥0.20	¥0.49	0.1194	0.1756	0.1194	0.1194	1
13550	0.0000	0.2780	¥0.02	¥0.01	0.0000		0.0000	0.0000	0

Customer Key	Lifetime Day	Last Order Day	Ave Money Order	Ave Money Year	Ave Order Year	Order Ave Days	Total Orders	Products Num	Is Lost
13561	0.1993	0.3774	¥0.31	¥0.33	0.0448	0.1004	0.0448	0.0448	1
13568	0.0000	0.3055	¥0.02	¥0.01	0.0149		0.0149	0.0149	0
13579	0.8880	0.9219	¥0.20	¥0.55	0.1343	0.1792	0.1343	0.1343	1
13585	0.8347	0.9787	¥0.39	¥0.63	0.0746	0.2809	0.0746	0.0746	1
13598	0.0000	0.1004	¥0.00	¥0.00	0.0299		0.0299	0.0299	0
13609	0.0937	0.1545	¥0.01	¥0.01	0.0448	0.0470	0.0448	0.0448	0
13613	0.1276	0.3100	¥0.01	¥0.01	0.0448	0.0642	0.0448	0.0448	0
13633	0.4628	0.4902	¥0.32	¥0.51	0.0746	0.1556	0.0746	0.0746	1
13634	0.1029	0.1306	¥0.01	¥0.02	0.0896	0.0294	0.0896	0.0896	0
13640	0.2167	0.2833	¥0.00	¥0.01	0.0597	0.0873	0.0597	0.0597	0
13667	0.3765	0.6714	¥0.28	¥0.23	0.0299	0.2533	0.0299	0.0299	1
13719	0.0000	0.2194	¥0.16	¥0.08	0.0149		0.0149	0.0149	0
13720	0.0000	0.1217	¥0.16	¥0.09	0.0149		0.0149	0.0149	0
13722	0.4435	0.5204	¥0.14	¥0.23	0.0746	0.1491	0.0746	0.0746	1
13739	0.0000	0.1394	¥0.01	¥0.01	0.0149		0.0149	0.0149	0
13742	0.1736	0.4938	¥0.17	¥0.22	0.0597	0.0698	0.0597	0.0597	1
13743	0.0000	0.0728	¥0.33	¥0.18	0.0149		0.0149	0.0149	0
13795	0.6134	0.8872	¥0.41	¥0.33	0.0299	0.4129	0.0299	0.0299	1
13805	0.0000	0.2167	¥0.00	¥0.00	0.0149		0.0149	0.0149	0
13821	0.8485	0.9449	¥0.33	¥0.45	0.0597	0.3427	0.0597	0.0597	1
13824	0.0000	0.0888	¥0.00	¥0.00	0.0000		0.0000	0.0000	0
13836	0.6924	0.8632	¥0.31	¥0.33	0.0448	0.3495	0.0448	0.0448	1
13853	0.0000	0.0409	¥0.33	¥0.18	0.0149		0.0149	0.0149	0
13855	0.2011	0.4929	¥0.17	¥0.23	0.0597	0.0810	0.0597	0.0597	1
13902	0.0000	0.1776	¥0.01	¥0.00	0.0000		0.0000	0.0000	0
13907	0.2066	0.4121	¥0.43	¥0.35	0.0299	0.1389	0.0299	0.0299	1
13921	0.0000	0.1030	¥0.01	¥0.00	0.0149		0.0149	0.0149	0
13932	0.0000	0.0737	¥0.01	¥0.00	0.0000		0.0000	0.0000	0
13941	0.2112	0.2398	¥0.01	¥0.02	0.1493	0.0385	0.1493	0.1493	0
13949	0.1708	0.3544	¥0.32	¥0.34	0.0448	0.0860	0.0448	0.0448	1
13974	0.4601	0.4965	¥0.21	¥0.39	0.0896	0.1325	0.0896	0.0896	1

续表 1

Customer Key	Lifetime Day	Last Order Day	Ave Money Order	Ave Money Year	Ave Order Year	Order Ave Days	Total Orders	Products Num	Is Lost
13975	0.4426	0.4645	¥0.29	¥0.39	0.0597	0.1786	0.0597	0.0597	1
14022	0.5813	0.6368	¥0.08	¥0.13	0.0746	0.1955	0.0746	0.0746	1
14025	0.6208	0.6483	¥0.07	¥0.12	0.0746	0.2088	0.0746	0.0746	1
14052	0.1157	0.3224	¥0.01	¥0.01	0.0448	0.0582	0.0448	0.0448	0
14080	0.3526	0.6048	¥0.13	¥0.14	0.0448	0.1779	0.0448	0.0448	1
14085	0.0000	0.2478	¥0.00	¥0.00	0.0299		0.0299	0.0299	0
14108	0.0000	0.2620	¥0.12	¥0.06	0.0149		0.0149	0.0149	0
14127	0.1938	0.4743	¥0.27	¥0.29	0.0448	0.0976	0.0448	0.0448	1
14145	0.0000	0.3162	¥0.00	¥0.00	0.0149		0.0149	0.0149	0
14151	0.0000	0.1190	¥0.01	¥0.01	0.0149		0.0149	0.0149	0
14249	0.0000	0.2158	¥0.01	¥0.01	0.0299		0.0299	0.0299	0
14250	0.0000	0.1341	¥0.00	¥0.00	0.0149		0.0149	0.0149	0
14253	0.3444	0.5382	¥0.16	¥0.26	0.0746	0.1157	0.0746	0.0746	1
14292	0.3122	0.4938	¥0.23	¥0.25	0.0448	0.1574	0.0448	0.0448	1
14319	0.1442	0.1874	¥0.01	¥0.01	0.0597	0.0580	0.0597	0.0597	0
14356	0.2635	0.4645	¥0.23	¥0.25	0.0448	0.1329	0.0448	0.0448	1
14360	0.0000	0.0853	¥0.01	¥0.01	0.0149		0.0149	0.0149	0
14361	0.0000	0.0195	¥0.01	¥0.01	0.0299		0.0299	0.0299	0
14367	0.2562	0.4547	¥0.17	¥0.14	0.0299	0.1723	0.0299	0.0299	1
14379	0.2323	0.4396	¥0.13	¥0.14	0.0448	0.1171	0.0448	0.0448	1
14402	0.0000	0.0249	¥0.00	¥0.00	0.0149		0.0149	0.0149	0
14421	0.2388	0.3988	¥0.19	¥0.25	0.0597	0.0962	0.0597	0.0597	1
14432	0.0000	0.1226	¥0.01	¥0.00	0.0000		0.0000	0.0000	0
14445	0.0000	0.2638	¥0.01	¥0.01	0.0448		0.0448	0.0448	0
14451	0.2296	0.4005	¥0.19	¥0.25	0.0597	0.0925	0.0597	0.0597	1
14487	0.0000	0.2069	¥0.00	¥0.00	0.0149		0.0149	0.0149	0
14573	0.0000	0.1101	¥0.00	¥0.00	0.0149		0.0149	0.0149	0
14617	0.7282	0.8810	¥0.09	¥0.12	0.0597	0.2940	0.0597	0.0597	1
14618	0.0000	0.1066	¥0.00	¥0.00	0.0149		0.0149	0.0149	0
14620	0.0000	0.1599	¥0.00	¥0.00	0.0000		0.0000	0.0000	0
14632	0.2865	0.2957	¥0.01	¥0.01	0.0896	0.0824	0.0896	0.0896	0

Customer Key	Lifetime Day	Last Order Day	Ave Money Order	Ave Money Year	Ave Order Year	Order Ave Days	Total Orders	Products Num	Is Lost
14698	0.0000	0.0417	¥0.00	¥0.00	0.0448		0.0448	0.0448	0
14703	0.0000	0.3064	¥0.00	¥0.00	0.0299		0.0299	0.0299	0
14767	0.0000	0.1075	¥0.00	¥0.00	0.0149		0.0149	0.0149	0
14781	0.0000	0.0391	¥0.01	¥0.00	0.0149		0.0149	0.0149	0
14808	0.1405	0.2069	¥0.01	¥0.01	0.0746	0.0470	0.0746	0.0746	0
14817	0.0000	0.1377	¥0.01	¥0.00	0.0299		0.0299	0.0299	0
14839	0.0064	0.2140	¥0.01	¥0.01	0.0597	0.0023	0.0597	0.0597	0
14862	0.0000	0.1368	¥0.00	¥0.00	0.0149		0.0149	0.0149	0
14867	0.0000	0.1776	¥0.12	¥0.06	0.0149		0.0149	0.0149	0
14894	0.6208	0.7034	¥0.14	¥0.11	0.0299	0.4179	0.0299	0.0299	1
14946	0.3370	0.5284	¥0.19	¥0.21	0.0448	0.1700	0.0448	0.0448	1
14958	0.0000	0.0266	¥0.00	¥0.00	0.0149		0.0149	0.0149	0
14978	0.4986	0.6821	¥0.20	¥0.32	0.0746	0.1677	0.0746	0.0746	1
15011	0.0000	0.1803	¥0.01	¥0.01	0.0299		0.0299	0.0299	0
15034	0.2268	0.2771	¥0.01	¥0.01	0.0597	0.0914	0.0597	0.0597	0
15036	0.2782	0.4174	¥0.35	¥0.28	0.0299	0.1871	0.0299	0.0299	1
15091	0.0000	0.2371	¥0.00	¥0.00	0.0149		0.0149	0.0149	0
15103	0.2534	0.2940	¥0.00	¥0.01	0.0746	0.0851	0.0746	0.0746	0
15109	0.0000	0.2034	¥0.02	¥0.01	0.0149		0.0149	0.0149	0
15135	0.3150	0.4121	¥0.31	¥0.33	0.0448	0.1588	0.0448	0.0448	1
15165	0.0000	0.1812	¥0.00	¥0.00	0.0149		0.0149	0.0149	0
15166	0.5032	0.6590	¥0.29	¥0.23	0.0299	0.3387	0.0299	0.0299	1
15168	0.0000	0.1155	¥0.00	¥0.00	0.0149		0.0149	0.0149	0
15185	0.3489	0.4316	¥0.41	¥0.33	0.0299	0.2348	0.0299	0.0299	1
15193	0.5418	0.6608	¥0.13	¥0.24	0.0896	0.1561	0.0896	0.0896	1
15220	0.3067	0.3819	¥0.31	¥0.33	0.0448	0.1547	0.0448	0.0448	1
15258	0.0000	0.1110	¥0.00	¥0.00	0.0000		0.0000	0.0000	0
15273	0.0000	0.2638	¥0.01	¥0.01	0.0299		0.0299	0.0299	0
15277	0.0000	0.1954	¥0.00	¥0.01	0.0597		0.0597	0.0597	0
15278	0.0000	0.3188	¥0.01	¥0.00	0.0149		0.0149	0.0149	0
15289	0.5666	0.6279	¥0.15	¥0.12	0.0299	0.3814	0.0299	0.0299	1

续表 1

Customer Key	Lifetime Day	Last Order Day	Ave Money Order	Ave Money Year	Ave Order Year	Order Ave Days	Total Orders	Products Num	Is Lost
15319	0.0000	0.3233	¥0.00	¥0.00	0.0149		0.0149	0.0149	0
15323	0.0000	0.0613	¥0.07	¥0.06	0.0299		0.0299	0.0299	0
15342	0.5207	0.5799	¥0.11	¥0.12	0.0448	0.2628	0.0448	0.0448	1
15349	0.4242	0.5675	¥0.18	¥0.24	0.0597	0.1712	0.0597	0.0597	1
15376	0.1699	0.2425	¥0.00	¥0.01	0.0896	0.0487	0.0896	0.0896	0
15414	0.0000	0.3135	¥0.00	¥0.00	0.0000		0.0000	0.0000	0
15428	0.4977	0.5258	¥0.11	¥0.12	0.0448	0.2512	0.0448	0.0448	1
15436	0.2994	0.4023	¥0.53	¥0.28	0.0149	0.3022	0.0149	0.0149	1
15437	0.0588	0.0675	¥0.00	¥0.00	0.0299	0.0393	0.0299	0.0299	0
15452	0.0000	0.2789	¥0.01	¥0.00	0.0000		0.0000	0.0000	0
15454	0.5381	0.6492	¥0.38	¥0.21	0.0149	0.5435	0.0149	0.0149	1
15456	0.5629	0.6563	¥0.16	¥0.21	0.0597	0.2272	0.0597	0.0597	1
15462	0.4197	0.4973	¥0.22	¥0.23	0.0448	0.2117	0.0448	0.0448	1
15471	0.5023	0.5364	¥0.15	¥0.12	0.0299	0.3381	0.0299	0.0299	1
15484	0.3673	0.4929	¥0.22	¥0.24	0.0448	0.1853	0.0448	0.0448	1
15486	0.0000	0.1963	¥0.00	¥0.00	0.0149		0.0149	0.0149	0
15500	0.3664	0.4929	¥0.22	¥0.24	0.0448	0.1848	0.0448	0.0448	1
15511	0.2571	0.2558	¥0.01	¥0.01	0.0896	0.0739	0.0896	0.0896	0
15516	0.0000	0.1856	¥0.00	¥0.00	0.0149		0.0149	0.0149	0
15519	0.0000	0.2451	¥0.01	¥0.00	0.0000		0.0000	0.0000	0
15522	0.0000	0.1457	¥0.00	¥0.00	0.0149		0.0149	0.0149	0
15554	0.1313	0.4547	¥0.13	¥0.10	0.0299	0.0882	0.0299	0.0299	1
15555	0.1120	0.4432	¥0.08	¥0.10	0.0597	0.0450	0.0597	0.0597	1
15564	0.0928	0.2176	¥0.01	¥0.01	0.1045	0.0231	0.1045	0.1045	0
15574	0.0000	0.0187	¥0.01	¥0.01	0.0299		0.0299	0.0299	0
15578	0.3205	0.3943	¥0.31	¥0.34	0.0448	0.1616	0.0448	0.0448	1
15594	0.0220	0.0311	¥0.00	¥0.00	0.0448	0.0108	0.0448	0.0448	0
15607	0.0487	0.0648	¥0.01	¥0.01	0.0448	0.0243	0.0448	0.0448	0
15609	0.0000	0.1474	¥0.00	¥0.00	0.0149		0.0149	0.0149	0
15611	0.0000	0.2025	¥0.00	¥0.00	0.0448		0.0448	0.0448	0
15636	0.0000	0.2052	¥0.00	¥0.01	0.0448		0.0448	0.0448	0

Customer Key	Lifetime Day	Last Order Day	Ave Money Order	Ave Money Year	Ave Order Year	Order Ave Days	Total Orders	Products Num	Is Lost
15640	0.0854	0.3242	¥0.00	¥0.00	0.0299	0.0572	0.0299	0.0299	0
15645	0.3343	0.4014	¥0.35	¥0.28	0.0299	0.2249	0.0299	0.0299	1
15654	0.0000	0.2060	¥0.01	¥0.00	0.0000		0.0000	0.0000	0
15666	0.4114	0.4671	¥0.17	¥0.23	0.0597	0.1660	0.0597	0.0597	1
15708	0.0000	0.3011	¥0.01	¥0.01	0.0299		0.0299	0.0299	0
15746	0.0000	0.0497	¥0.00	¥0.00	0.0000		0.0000	0.0000	0
15766	0.1304	0.3233	¥0.01	¥0.00	0.0299	0.0875	0.0299	0.0299	0
15774	0.0000	0.2620	¥0.02	¥0.01	0.0149		0.0149	0.0149	0
15794	0.2562	0.2762	¥0.01	¥0.01	0.0299	0.1723	0.0299	0.0299	0
15800	0.3333	0.3774	¥0.41	¥0.33	0.0299	0.2243	0.0299	0.0299	1
15814	0.0000	0.0977	¥0.01	¥0.01	0.0299		0.0299	0.0299	0
15844	0.3104	0.4121	¥0.22	¥0.24	0.0448	0.1565	0.0448	0.0448	1
15895	0.0000	0.1936	¥0.01	¥0.00	0.0299		0.0299	0.0299	0
15949	0.2287	0.3561	¥0.29	¥0.24	0.0299	0.1537	0.0299	0.0299	1
15986	0.2029	0.3721	¥0.07	¥0.11	0.0746	0.0681	0.0746	0.0746	1
15988	0.0000	0.0835	¥0.01	¥0.01	0.0448		0.0448	0.0448	0
15995	0.0000	0.1483	¥0.04	¥0.05	0.0448		0.0448	0.0448	0
16029	0.3223	0.3588	¥0.35	¥0.29	0.0299	0.2168	0.0299	0.0299	1
16053	0.6400	0.6510	¥0.21	¥0.28	0.0597	0.2584	0.0597	0.0597	1
16070	0.0000	0.0204	¥0.00	¥0.00	0.0149		0.0149	0.0149	0
16097	0.1543	0.3224	¥0.01	¥0.01	0.0597	0.0621	0.0597	0.0597	0
16112	0.0000	0.1057	¥0.17	¥0.18	0.0448		0.0448	0.0448	0
16125	0.0000	0.0497	¥0.04	¥0.04	0.0448		0.0448	0.0448	0
16148	0.0000	0.1075	¥0.65	¥0.17	0.0000		0.0000	0.0000	0
16169	0.3214	0.3641	¥0.41	¥0.33	0.0299	0.2162	0.0299	0.0299	1
16171	0.0312	0.2638	¥0.01	¥0.01	0.0597	0.0123	0.0597	0.0597	0
16208	0.0000	0.2931	¥0.01	¥0.01	0.0448		0.0448	0.0448	0
16211	0.0000	0.0506	¥0.08	¥0.04	0.0149		0.0149	0.0149	0
16244	0.0000	0.0941	¥0.17	¥0.18	0.0448		0.0448	0.0448	0
16250	0.6244	0.6314	¥0.42	¥0.34	0.0299	0.4204	0.0299	0.0299	1
16270	0.5372	0.5702	¥0.15	¥0.21	0.0597	0.2168	0.0597	0.0597	1

Customer Key	Lifetime Day	Last Order Day	Ave Money Order	Ave Money Year	Ave Order Year	Order Ave Days	Total Orders	Products Num	Is Lost
16275	0.5078	0.6430	￥0.31	￥0.25	0.0299	0.3418	0.0299	0.0299	1
16286	0.3949	0.4325	￥0.48	￥0.52	0.0448	0.1992	0.0448	0.0448	1
16292	0.0000	0.2744	￥0.00	￥0.00	0.0149		0.0149	0.0149	0
16293	0.0000	0.1874	￥0.00	￥0.00	0.0000		0.0000	0.0000	0
16307	0.4913	0.5631	￥0.39	￥0.52	0.0597	0.1983	0.0597	0.0597	1
16325	0.0395	0.0977	￥0.01	￥0.01	0.0448	0.0196	0.0448	0.0448	0
16345	0.9192	0.9805	￥0.29	￥0.31	0.0448	0.4641	0.0448	0.0448	1
16347	0.9743	0.9751	￥0.33	￥0.45	0.0597	0.3935	0.0597	0.0597	1
16354	0.0000	0.2886	￥0.08	￥0.04	0.0149		0.0149	0.0149	0
16429	0.3572	0.5151	￥0.28	￥0.37	0.0597	0.1441	0.0597	0.0597	1
16462	0.0000	0.0160	￥0.01	￥0.00	0.0149		0.0149	0.0149	0
16498	0.0000	0.1270	￥0.00	￥0.00	0.0149		0.0149	0.0149	0
16500	0.0000	0.2513	￥0.04	￥0.04	0.0448		0.0448	0.0448	0
16513	0.2314	0.3783	￥0.26	￥0.35	0.0597	0.0932	0.0597	0.0597	1
16535	0.0000	0.2123	￥0.00	￥0.00	0.0299		0.0299	0.0299	0
16537	0.0000	0.2194	￥0.01	￥0.00	0.0000		0.0000	0.0000	0
16538	0.4261	0.5124	￥0.43	￥0.35	0.0299	0.2867	0.0299	0.0299	1
16548	0.3113	0.3623	￥0.65	￥0.35	0.0149	0.3143	0.0149	0.0149	1
16561	0.5546	0.5702	￥0.21	￥0.23	0.0448	0.2799	0.0448	0.0448	1
16572	0.4656	0.4885	￥0.68	￥0.37	0.0149	0.4702	0.0149	0.0149	1
16586	0.0000	0.1661	￥0.01	￥0.01	0.0149		0.0149	0.0149	0
16588	0.4527	0.5666	￥0.24	￥0.53	0.1045	0.1141	0.1045	0.1045	1
16592	0.0000	0.2842	￥0.01	￥0.01	0.0299		0.0299	0.0299	0
16616	0.9734	0.9893	￥0.33	￥0.44	0.0597	0.3931	0.0597	0.0597	1
16629	0.9816	0.9929	￥0.55	￥0.45	0.0299	0.6610	0.0299	0.0299	1
16652	0.0000	0.1670	￥0.00	￥0.00	0.0299		0.0299	0.0299	0
16659	0.9559	0.9689	￥0.82	￥0.44	0.0149	0.9657	0.0149	0.0149	1
16665	0.0377	0.1163	￥0.00	￥0.01	0.0746	0.0124	0.0746	0.0746	0
16675	0.6832	0.9680	￥0.24	￥0.33	0.0597	0.2758	0.0597	0.0597	1
16692	0.1175	0.2602	￥0.00	￥0.00	0.0299	0.0789	0.0299	0.0299	0
16696	0.6997	0.9671	￥0.42	￥0.34	0.0299	0.4711	0.0299	0.0299	1

Customer Key	Lifetime Day	Last Order Day	Ave Money Order	Ave Money Year	Ave Order Year	Order Ave Days	Total Orders	Products Num	Is Lost
16713	0.6575	0.9503	¥ 0.34	¥ 0.46	0.0597	0.2655	0.0597	0.0597	1
16736	0.0000	0.2016	¥ 0.01	¥ 0.00	0.0149		0.0149	0.0149	0
16746	0.0000	0.2966	¥ 0.01	¥ 0.00	0.0299		0.0299	0.0299	0
16757	0.0000	0.0249	¥ 0.00	¥ 0.00	0.0000		0.0000	0.0000	0
16761	0.0000	0.1146	¥ 0.35	¥ 0.19	0.0149		0.0149	0.0149	0
16765	0.0000	0.1634	¥ 0.00	¥ 0.00	0.0000		0.0000	0.0000	0
16779	0.0000	0.0853	¥ 0.32	¥ 0.17	0.0149		0.0149	0.0149	0
16781	0.0000	0.3233	¥ 0.01	¥ 0.00	0.0299		0.0299	0.0299	0
16820	0.1010	0.1421	¥ 0.13	¥ 0.24	0.0896	0.0289	0.0896	0.0896	1
16862	0.0000	0.0133	¥ 0.00	¥ 0.00	0.0149		0.0149	0.0149	0
16878	0.0000	0.3011	¥ 0.24	¥ 0.13	0.0149		0.0149	0.0149	0
16893	0.0000	0.0915	¥ 0.22	¥ 0.17	0.0299		0.0299	0.0299	0
16894	0.0000	0.2904	¥ 0.16	¥ 0.13	0.0299		0.0299	0.0299	0
16904	0.0000	0.0977	¥ 0.00	¥ 0.00	0.0000		0.0000	0.0000	0
16926	0.2029	0.2309	¥ 0.00	¥ 0.00	0.0448	0.1022	0.0448	0.0448	0
16980	0.0000	0.2593	¥ 0.00	¥ 0.00	0.0149		0.0149	0.0149	0
16997	0.0000	0.2256	¥ 0.16	¥ 0.13	0.0299		0.0299	0.0299	0
17008	0.0000	0.0657	¥ 0.32	¥ 0.17	0.0149		0.0149	0.0149	0
17009	0.0000	0.0719	¥ 0.22	¥ 0.18	0.0299		0.0299	0.0299	0
17019	0.0000	0.0524	¥ 0.01	¥ 0.00	0.0149		0.0149	0.0149	0
17046	0.7319	0.9520	¥ 0.31	¥ 0.34	0.0448	0.3695	0.0448	0.0448	1
17054	0.1359	0.2176	¥ 0.01	¥ 0.01	0.0149	0.1370	0.0149	0.0149	0
17068	0.1772	0.1892	¥ 0.01	¥ 0.01	0.0299	0.1191	0.0299	0.0299	0
17093	0.4261	0.4663	¥ 0.39	¥ 0.52	0.0597	0.1719	0.0597	0.0597	1
17122	0.0000	0.2647	¥ 0.01	¥ 0.00	0.0149		0.0149	0.0149	0
17131	0.0000	0.0435	¥ 0.00	¥ 0.00	0.0000		0.0000	0.0000	0
17139	0.0000	0.0728	¥ 0.21	¥ 0.17	0.0299		0.0299	0.0299	0
17142	0.0000	0.2194	¥ 0.16	¥ 0.13	0.0299		0.0299	0.0299	0
17150	0.0000	0.1989	¥ 0.12	¥ 0.13	0.0448		0.0448	0.0448	0
17159	0.0000	0.2105	¥ 0.24	¥ 0.13	0.0149		0.0149	0.0149	0
17165	0.0000	0.3100	¥ 0.00	¥ 0.00	0.0000		0.0000	0.0000	0

Customer Key	Lifetime Day	Last Order Day	Ave Money Order	Ave Money Year	Ave Order Year	Order Ave Days	Total Orders	Products Num	Is Lost
17173	0.0000	0.0684	¥0.00	¥0.00	0.0000		0.0000	0.0000	0
17176	0.0000	0.0746	¥0.17	¥0.18	0.0448		0.0448	0.0448	0
17199	0.3040	0.4485	¥0.22	¥0.53	0.1194	0.0680	0.1194	0.1194	1
17227	0.0377	0.2433	¥0.01	¥0.01	0.0299	0.0251	0.0299	0.0299	0
17235	0.0395	0.2096	¥0.01	¥0.01	0.0149	0.0396	0.0149	0.0149	0
17247	0.8044	0.9369	¥0.25	¥0.33	0.0597	0.3248	0.0597	0.0597	1
17281	0.0303	0.1314	¥0.01	¥0.01	0.0299	0.0201	0.0299	0.0299	0
17298	0.0377	0.1892	¥0.01	¥0.01	0.0597	0.0149	0.0597	0.0597	0
17303	0.0202	0.1448	¥0.01	¥0.01	0.0597	0.0079	0.0597	0.0597	0
17323	0.2461	0.2771	¥0.01	¥0.01	0.0299	0.1655	0.0299	0.0299	0
17331	0.0817	0.2087	¥0.00	¥0.00	0.0299	0.0548	0.0299	0.0299	0
17353	0.7539	0.9085	¥0.42	¥0.45	0.0448	0.3806	0.0448	0.0448	1
17358	0.0000	0.2025	¥0.16	¥0.13	0.0299		0.0299	0.0299	0
17368	0.0000	0.3144	¥0.00	¥0.00	0.0000		0.0000	0.0000	0
17381	0.3141	0.3108	¥0.02	¥0.03	0.0448	0.1584	0.0448	0.0448	0
17383	0.0000	0.1181	¥0.00	¥0.00	0.0149		0.0149	0.0149	0
17409	0.0551	0.1608	¥0.01	¥0.02	0.0448	0.0275	0.0448	0.0448	0
17424	0.0000	0.0639	¥0.17	¥0.18	0.0448		0.0448	0.0448	0
17427	0.0000	0.0577	¥0.22	¥0.18	0.0299		0.0299	0.0299	0
17433	0.0000	0.0684	¥0.22	¥0.18	0.0299		0.0299	0.0299	0
17443	0.0000	0.2149	¥0.24	¥0.13	0.0149		0.0149	0.0149	0
17456	0.0000	0.2043	¥0.00	¥0.00	0.0000		0.0000	0.0000	0
17486	0.0000	0.2433	¥0.01	¥0.01	0.0299		0.0299	0.0299	0
17520	0.0000	0.0986	¥0.00	¥0.00	0.0000		0.0000	0.0000	0
17528	0.0000	0.0728	¥0.01	¥0.00	0.0149		0.0149	0.0149	0
17529	0.0000	0.1101	¥0.00	¥0.00	0.0149		0.0149	0.0149	0
17538	0.0000	0.2007	¥0.00	¥0.00	0.0000		0.0000	0.0000	0
17544	0.0000	0.0746	¥0.22	¥0.18	0.0299		0.0299	0.0299	0
17556	0.0000	0.2647	¥0.00	¥0.00	0.0000		0.0000	0.0000	0
17559	0.0000	0.1803	¥0.12	¥0.13	0.0448		0.0448	0.0448	0
17579	0.0790	0.1208	¥0.01	¥0.01	0.0746	0.0263	0.0746	0.0746	0

续表 1

Customer Key	Lifetime Day	Last Order Day	Ave Money Order	Ave Money Year	Ave Order Year	Order Ave Days	Total Orders	Products Num	Is Lost
17589	0.0000	0.0053	¥0.01	¥0.00	0.0149		0.0149	0.0149	0
17643	0.0000	0.0728	¥0.01	¥0.01	0.0299		0.0299	0.0299	0
17667	0.0000	0.1474	¥0.16	¥0.13	0.0299		0.0299	0.0299	0
17670	0.0000	0.2105	¥0.15	¥0.04	0.0000		0.0000	0.0000	0
17680	0.1368	0.1439	¥0.01	¥0.02	0.0896	0.0392	0.0896	0.0896	0
17690	0.0000	0.1314	¥0.48	¥0.13	0.0000		0.0000	0.0000	0
17694	0.0000	0.2522	¥0.00	¥0.00	0.0000		0.0000	0.0000	0
17697	0.0000	0.0044	¥0.00	¥0.00	0.0000		0.0000	0.0000	0
17699	0.0000	0.1865	¥0.01	¥0.00	0.0299		0.0299	0.0299	0
17708	0.0615	0.0675	¥0.01	¥0.01	0.0597	0.0246	0.0597	0.0597	0
17741	0.1772	0.4458	¥0.20	¥0.32	0.0746	0.0594	0.0746	0.0746	1
17755	0.2810	0.5027	¥0.26	¥0.21	0.0299	0.1890	0.0299	0.0299	1
17760	0.0569	0.0924	¥0.00	¥0.01	0.0597	0.0227	0.0597	0.0597	0
17803	0.2608	0.4663	¥0.15	¥0.21	0.0597	0.1051	0.0597	0.0597	1
17859	0.0000	0.1208	¥0.24	¥0.13	0.0149		0.0149	0.0149	0
17864	0.0000	0.1270	¥0.24	¥0.13	0.0149		0.0149	0.0149	0
17879	0.1846	0.2567	¥0.01	¥0.01	0.0597	0.0743	0.0597	0.0597	0
17896	0.2727	0.4494	¥0.14	¥0.23	0.0746	0.0916	0.0746	0.0746	1
17901	0.0000	0.0782	¥0.00	¥0.00	0.0299		0.0299	0.0299	0
17921	0.8411	0.9165	¥0.66	¥0.35	0.0149	0.8497	0.0149	0.0149	1
17948	0.3003	0.4387	¥0.17	¥0.23	0.0597	0.1211	0.0597	0.0597	1
17953	0.0000	0.1439	¥0.01	¥0.01	0.0299		0.0299	0.0299	0
17969	0.3278	0.4476	¥0.21	¥0.23	0.0448	0.1653	0.0448	0.0448	1
17987	0.8062	0.8872	¥0.23	¥0.18	0.0299	0.5428	0.0299	0.0299	1
18043	0.0000	0.2247	¥0.00	¥0.00	0.0149		0.0149	0.0149	0
18057	0.0000	0.1314	¥0.48	¥0.13	0.0000		0.0000	0.0000	0
18080	0.0000	0.1297	¥0.12	¥0.13	0.0448		0.0448	0.0448	0
18090	0.0276	0.2504	¥0.00	¥0.00	0.0448	0.0136	0.0448	0.0448	0
18099	0.0000	0.2060	¥0.00	¥0.00	0.0000		0.0000	0.0000	0
18105	0.0000	0.2735	¥0.00	¥0.00	0.0149		0.0149	0.0149	0
18127	0.3499	0.4005	¥0.24	¥0.53	0.1045	0.0881	0.1045	0.1045	1

续表 1

Customer Key	Lifetime Day	Last Order Day	Ave Money Order	Ave Money Year	Ave Order Year	Order Ave Days	Total Orders	Products Num	Is Lost
18128	0.0000	0.2558	¥0.01	¥0.01	0.0149		0.0149	0.0149	0
18129	0.0000	0.2105	¥0.01	¥0.01	0.0299		0.0299	0.0299	0
18162	0.0000	0.0977	¥0.00	¥0.00	0.0149		0.0149	0.0149	0
18179	0.0000	0.2540	¥0.00	¥0.00	0.0000		0.0000	0.0000	0
18183	0.4077	0.5195	¥0.19	¥0.25	0.0597	0.1645	0.0597	0.0597	1
18189	0.7190	0.9147	¥0.58	¥0.31	0.0149	0.7263	0.0149	0.0149	1
18203	0.8448	0.8819	¥0.39	¥0.31	0.0299	0.5688	0.0299	0.0299	1
18215	0.0000	0.0790	¥0.01	¥0.01	0.0299		0.0299	0.0299	0
18260	0.5923	0.8712	¥0.42	¥0.45	0.0448	0.2990	0.0448	0.0448	1
18306	0.0349	0.2016	¥0.01	¥0.01	0.0299	0.0232	0.0299	0.0299	0
18317	0.0542	0.0604	¥0.00	¥0.01	0.0597	0.0216	0.0597	0.0597	0
18326	0.0973	0.1110	¥0.01	¥0.01	0.0448	0.0489	0.0448	0.0448	0
18327	0.0000	0.2718	¥0.00	¥0.00	0.0149		0.0149	0.0149	0
18359	0.0000	0.0151	¥0.01	¥0.01	0.0149		0.0149	0.0149	0
18377	0.0000	0.1012	¥0.17	¥0.18	0.0448		0.0448	0.0448	0
18380	0.0000	0.1838	¥0.00	¥0.00	0.0149		0.0149	0.0149	0
18385	0.0000	0.0124	¥0.00	¥0.00	0.0000		0.0000	0.0000	0
18400	0.0000	0.0275	¥0.11	¥0.18	0.0746		0.0746	0.0746	0
18402	0.0000	0.1350	¥0.00	¥0.00	0.0000		0.0000	0.0000	0
18426	0.0000	0.0302	¥0.16	¥0.18	0.0448		0.0448	0.0448	0
18438	0.0000	0.0862	¥0.24	¥0.13	0.0149		0.0149	0.0149	0
18452	0.8200	0.8641	¥0.44	¥0.36	0.0299	0.5521	0.0299	0.0299	1
18484	0.5592	0.8579	¥0.34	¥0.46	0.0597	0.2257	0.0597	0.0597	1
18497	0.0000	0.0435	¥0.33	¥0.18	0.0149		0.0149	0.0149	0
18504	0.0000	0.1803	¥0.01	¥0.01	0.0299		0.0299	0.0299	0
18521	0.0000	0.2806	¥0.02	¥0.01	0.0149		0.0149	0.0149	0
18530	0.0000	0.3055	¥0.01	¥0.01	0.0299		0.0299	0.0299	0
18546	0.0000	0.2576	¥0.00	¥0.00	0.0149		0.0149	0.0149	0
18563	0.0000	0.0568	¥0.24	¥0.13	0.0149		0.0149	0.0149	0
18578	0.0000	0.0435	¥0.22	¥0.18	0.0299		0.0299	0.0299	0
18593	0.0000	0.2931	¥0.02	¥0.01	0.0000		0.0000	0.0000	0

Customer Key	Lifetime Day	Last Order Day	Ave Money Order	Ave Money Year	Ave Order Year	Order Ave Days	Total Orders	Products Num	Is Lost
18630	0.0000	0.0382	￥0.00	￥0.00	0.0299		0.0299	0.0299	0
18633	0.3021	0.3854	￥0.13	￥0.21	0.0746	0.1015	0.0746	0.0746	1
18647	0.0000	0.1830	￥0.06	￥0.04	0.0299		0.0299	0.0299	0
18663	0.0000	0.1670	￥0.00	￥0.00	0.0149		0.0149	0.0149	0
18667	0.0000	0.1048	￥0.00	￥0.00	0.0149		0.0149	0.0149	0
18672	0.0000	0.1412	￥0.01	￥0.01	0.0299		0.0299	0.0299	0
18674	0.2241	0.2185	￥0.01	￥0.01	0.0299	0.1506	0.0299	0.0299	0
18675	0.0000	0.2567	￥0.01	￥0.01	0.0299		0.0299	0.0299	0
18690	0.0000	0.0915	￥0.02	￥0.01	0.0149		0.0149	0.0149	0
18708	0.5592	0.8295	￥0.42	￥0.46	0.0448	0.2823	0.0448	0.0448	1
18713	0.0523	0.0826	￥0.02	￥0.02	0.0448	0.0261	0.0448	0.0448	0
18756	0.0266	0.1608	￥0.01	￥0.01	0.0597	0.0105	0.0597	0.0597	0
18777	0.0000	0.2842	￥0.00	￥0.00	0.0149		0.0149	0.0149	0
18787	0.0000	0.1181	￥0.01	￥0.01	0.0149		0.0149	0.0149	0
18790	0.0000	0.0631	￥0.16	￥0.13	0.0299		0.0299	0.0299	0
18807	0.0000	0.2727	￥0.02	￥0.01	0.0149		0.0149	0.0149	0
18822	0.0000	0.1519	￥0.02	￥0.01	0.0149		0.0149	0.0149	0
18823	0.0000	0.2096	￥0.01	￥0.01	0.0149		0.0149	0.0149	0
18863	0.0000	0.0346	￥0.17	￥0.18	0.0448		0.0448	0.0448	0
18870	0.0000	0.0062	￥0.02	￥0.01	0.0000		0.0000	0.0000	0
18878	0.0000	0.0515	￥0.13	￥0.18	0.0597		0.0597	0.0597	0
18882	0.0000	0.0560	￥0.32	￥0.17	0.0149		0.0149	0.0149	0
18889	0.0000	0.3206	￥0.01	￥0.01	0.0149		0.0149	0.0149	0
18909	0.5831	0.8348	￥0.42	￥0.45	0.0448	0.2943	0.0448	0.0448	1
18953	0.0000	0.1199	￥0.11	￥0.06	0.0149		0.0149	0.0149	0
18993	0.0000	0.0453	￥0.01	￥0.01	0.0299		0.0299	0.0299	0
19019	0.0000	0.2522	￥0.01	￥0.01	0.0149		0.0149	0.0149	0
19031	0.3287	0.3606	￥0.34	￥0.54	0.0746	0.1104	0.0746	0.0746	1
19038	0.3820	0.4743	￥0.19	￥0.25	0.0597	0.1541	0.0597	0.0597	1
19053	0.0000	0.0409	￥0.01	￥0.00	0.0000		0.0000	0.0000	0
19059	0.0000	0.0124	￥0.01	￥0.01	0.0149		0.0149	0.0149	0

续表1

Customer Key	Lifetime Day	Last Order Day	Ave Money Order	Ave Money Year	Ave Order Year	Order Ave Days	Total Orders	Products Num	Is Lost
19080	0.0000	0.3153	￥0.00	￥0.00	0.0149		0.0149	0.0149	0
19082	0.0000	0.1847	￥0.00	￥0.00	0.0149		0.0149	0.0149	0
19113	0.0000	0.1954	￥0.08	￥0.09	0.0448		0.0448	0.0448	0
19139	0.0000	0.2238	￥0.02	￥0.01	0.0000		0.0000	0.0000	0
19200	0.0496	0.0746	￥0.01	￥0.01	0.0597	0.0197	0.0597	0.0597	0
19215	0.0000	0.0835	￥0.01	￥0.01	0.0299		0.0299	0.0299	0
19266	0.0000	0.2203	￥0.00	￥0.00	0.0299		0.0299	0.0299	0
19272	0.0000	0.1892	￥0.00	￥0.00	0.0149		0.0149	0.0149	0
19284	0.3416	0.4112	￥0.25	￥0.21	0.0299	0.2298	0.0299	0.0299	1
19292	0.5317	0.5515	￥0.23	￥0.19	0.0299	0.3579	0.0299	0.0299	1
19309	0.5152	0.5364	￥0.23	￥0.19	0.0299	0.3467	0.0299	0.0299	1
19311	0.3618	0.4041	￥0.22	￥0.35	0.0746	0.1216	0.0746	0.0746	1
19335	0.1387	0.4778	￥0.18	￥0.15	0.0299	0.0931	0.0299	0.0299	1
19337	0.5078	0.5302	￥0.15	￥0.12	0.0299	0.3418	0.0299	0.0299	1
19343	0.1892	0.4822	￥0.11	￥0.15	0.0597	0.0762	0.0597	0.0597	1
19374	0.0000	0.1004	￥0.00	￥0.00	0.0149		0.0149	0.0149	0
19410	0.0000	0.2993	￥0.31	￥0.08	0.0000		0.0000	0.0000	0
19436	0.2103	0.4156	￥0.09	￥0.15	0.0746	0.0705	0.0746	0.0746	1
19442	0.3866	0.4298	￥0.15	￥0.12	0.0299	0.2601	0.0299	0.0299	1
19444	0.0000	0.0959	￥0.01	￥0.00	0.0149		0.0149	0.0149	0
19445	0.0000	0.0826	￥0.01	￥0.00	0.0299		0.0299	0.0299	0
19464	0.0000	0.0915	￥0.01	￥0.00	0.0149		0.0149	0.0149	0
19476	0.7043	0.7256	￥0.17	￥0.33	0.0896	0.2030	0.0896	0.0896	1
19480	0.2066	0.3961	￥0.11	￥0.15	0.0597	0.0832	0.0597	0.0597	1
19488	0.0000	0.0915	￥0.00	￥0.00	0.0299		0.0299	0.0299	0
19502	0.1111	0.3970	￥0.17	￥0.27	0.0746	0.0371	0.0746	0.0746	1
19508	0.0000	0.1270	￥0.00	￥0.00	0.0149		0.0149	0.0149	0
19539	0.0000	0.2860	￥0.31	￥0.08	0.0000		0.0000	0.0000	0
19544	0.0000	0.3091	￥0.01	￥0.01	0.0299		0.0299	0.0299	0
19558	0.5620	0.7957	￥0.56	￥0.45	0.0299	0.3783	0.0299	0.0299	1
19599	0.6152	0.7931	￥0.74	￥0.40	0.0149	0.6214	0.0149	0.0149	1

续表 1

Customer Key	Lifetime Day	Last Order Day	Ave Money Order	Ave Money Year	Ave Order Year	Order Ave Days	Total Orders	Products Num	Is Lost
19609	0.5831	0.7877	¥0.34	¥0.46	0.0597	0.2354	0.0597	0.0597	1
19611	0.5932	0.7913	¥0.56	¥0.46	0.0299	0.3993	0.0299	0.0299	1
19614	0.5748	0.7904	¥0.35	¥0.47	0.0597	0.2320	0.0597	0.0597	1
19619	0.1249	0.2922	¥0.01	¥0.01	0.0597	0.0502	0.0597	0.0597	0
19650	0.0000	0.0391	¥0.00	¥0.00	0.0299		0.0299	0.0299	0
19653	0.5739	0.7655	¥0.49	¥0.40	0.0299	0.3863	0.0299	0.0299	1
19660	0.0000	0.2167	¥0.02	¥0.01	0.0149		0.0149	0.0149	0
19664	0.0000	0.0329	¥0.01	¥0.01	0.0149		0.0149	0.0149	0
19671	0.0000	0.2735	¥0.16	¥0.09	0.0149		0.0149	0.0149	0
19680	0.0000	0.2762	¥0.16	¥0.09	0.0149		0.0149	0.0149	0
19699	0.0000	0.0950	¥0.02	¥0.01	0.0149		0.0149	0.0149	0
19716	0.0000	0.2709	¥0.16	¥0.09	0.0149		0.0149	0.0149	0
19717	0.0000	0.2833	¥0.11	¥0.09	0.0299		0.0299	0.0299	0
19776	0.0000	0.2096	¥0.01	¥0.01	0.0149		0.0149	0.0149	0
19789	0.5464	0.7709	¥0.42	¥0.46	0.0448	0.2758	0.0448	0.0448	1
19805	0.0000	0.1945	¥0.02	¥0.01	0.0000		0.0000	0.0000	0
19810	0.0000	0.0693	¥0.01	¥0.01	0.0149		0.0149	0.0149	0
19825	0.0000	0.2007	¥0.02	¥0.01	0.0000		0.0000	0.0000	0
19839	0.1488	0.2549	¥0.01	¥0.01	0.0597	0.0598	0.0597	0.0597	0
19855	0.8402	0.8730	¥0.40	¥0.43	0.0448	0.4242	0.0448	0.0448	1
19866	0.0000	0.1084	¥0.02	¥0.01	0.0000		0.0000	0.0000	0
19868	0.0000	0.0826	¥0.02	¥0.01	0.0149		0.0149	0.0149	0
19886	0.0000	0.2584	¥0.01	¥0.01	0.0149		0.0149	0.0149	0
19899	0.2847	0.3579	¥0.17	¥0.24	0.0597	0.1148	0.0597	0.0597	1
19917	0.3113	0.3730	¥0.19	¥0.25	0.0597	0.1255	0.0597	0.0597	1
19943	0.2902	0.3544	¥0.29	¥0.23	0.0299	0.1952	0.0299	0.0299	1
19960	0.5804	0.7638	¥0.43	¥0.46	0.0448	0.2929	0.0448	0.0448	1
19983	0.0000	0.2496	¥0.31	¥0.08	0.0000		0.0000	0.0000	0
20017	0.0000	0.0302	¥0.01	¥0.01	0.0149		0.0149	0.0149	0
20046	0.0000	0.2167	¥0.02	¥0.05	0.1045		0.1045	0.1045	0
20075	0.0000	0.6998	¥0.95	¥0.26	0.0000		0.0000	0.0000	1

Customer Key	Lifetime Day	Last Order Day	Ave Money Order	Ave Money Year	Ave Order Year	Order Ave Days	Total Orders	Products Num	Is Lost
20087	0.1873	0.2025	￥0.01	￥0.01	0.0448	0.0943	0.0448	0.0448	0
20098	0.0000	0.0897	￥0.01	￥0.01	0.0149		0.0149	0.0149	0
20109	0.0000	0.2274	￥0.16	￥0.09	0.0149		0.0149	0.0149	0
20129	0.0000	0.2655	￥0.02	￥0.01	0.0149		0.0149	0.0149	0
20136	0.0000	0.0213	￥0.00	￥0.00	0.0149		0.0149	0.0149	0
20138	0.0000	0.3162	￥0.01	￥0.01	0.0448		0.0448	0.0448	0
20158	0.4481	0.7549	￥0.39	￥0.31	0.0299	0.3016	0.0299	0.0299	1
20170	0.8136	0.8792	￥0.30	￥0.24	0.0299	0.5478	0.0299	0.0299	1
20198	0.0000	0.2034	￥0.16	￥0.09	0.0149		0.0149	0.0149	0
20202	0.0000	0.0453	￥0.00	￥0.00	0.0448		0.0448	0.0448	0
20225	0.5574	0.7398	￥0.56	￥0.46	0.0299	0.3752	0.0299	0.0299	1
20229	0.0000	0.1439	￥0.01	￥0.01	0.0299		0.0299	0.0299	0
20230	0.0000	0.2034	￥0.00	￥0.00	0.0149		0.0149	0.0149	0
20237	0.0000	0.3206	￥0.01	￥0.00	0.0000		0.0000	0.0000	0
20262	0.0000	0.1874	￥0.00	￥0.00	0.0299		0.0299	0.0299	0
20285	0.0000	0.0409	￥0.02	￥0.01	0.0000		0.0000	0.0000	0
20305	0.0000	0.1012	￥0.02	￥0.01	0.0000		0.0000	0.0000	0
20308	0.0000	0.2806	￥0.02	￥0.01	0.0000		0.0000	0.0000	0
20340	0.0000	0.2691	￥0.68	￥0.18	0.0000		0.0000	0.0000	0
20356	0.0000	0.0391	￥0.01	￥0.01	0.0149		0.0149	0.0149	0
20369	0.0000	0.2354	￥0.01	￥0.00	0.0299		0.0299	0.0299	0
20373	0.5418	0.5959	￥0.30	￥0.24	0.0299	0.3647	0.0299	0.0299	1
20385	0.0000	0.2291	￥0.24	￥0.19	0.0299		0.0299	0.0299	0
20399	0.0000	0.1696	￥0.08	￥0.09	0.0448		0.0448	0.0448	1
20405	0.0000	0.2265	￥0.36	￥0.19	0.0149		0.0149	0.0149	0
20417	0.0000	0.2540	￥0.01	￥0.00	0.0299		0.0299	0.0299	0
20429	0.6015	0.7176	￥0.38	￥0.40	0.0448	0.3036	0.0448	0.0448	1
20434	0.0000	0.1830	￥0.16	￥0.09	0.0149		0.0149	0.0149	0
20445	0.5629	0.7123	￥0.42	￥0.46	0.0448	0.2841	0.0448	0.0448	1
20469	0.0000	0.0373	￥0.00	￥0.00	0.0299		0.0299	0.0299	0
20504	0.0000	0.1288	￥0.01	￥0.01	0.0448		0.0448	0.0448	0

Customer Key	Lifetime Day	Last Order Day	Ave Money Order	Ave Money Year	Ave Order Year	Order Ave Days	Total Orders	Products Num	Is Lost
20527	0.0000	0.1687	¥0.35	¥0.19	0.0149		0.0149	0.0149	0
20576	0.6446	0.6732	¥0.22	¥0.24	0.0448	0.3254	0.0448	0.0448	1
20594	0.0000	0.2700	¥0.00	¥0.00	0.0299		0.0299	0.0299	0
20598	0.5106	0.5613	¥0.29	¥0.23	0.0299	0.3436	0.0299	0.0299	1
20609	0.5390	0.7060	¥0.28	¥0.46	0.0746	0.1813	0.0746	0.0746	1
20638	0.0000	0.1501	¥0.23	¥0.19	0.0299		0.0299	0.0299	0
20649	0.0000	0.0373	¥0.17	¥0.19	0.0448		0.0448	0.0448	0
20676	0.0000	0.2576	¥0.00	¥0.00	0.0149		0.0149	0.0149	0
20687	0.0000	0.0844	¥0.00	¥0.00	0.0000		0.0000	0.0000	0
20692	0.0000	0.1030	¥0.00	¥0.00	0.0299		0.0299	0.0299	0
20702	0.0000	0.1705	¥0.24	¥0.13	0.0149		0.0149	0.0149	0
20719	0.3361	0.5489	¥0.14	¥0.15	0.0448	0.1695	0.0448	0.0448	1
20740	0.0652	0.1865	¥0.01	¥0.01	0.0597	0.0260	0.0597	0.0597	0
20758	0.0000	0.2522	¥0.01	¥0.01	0.0299		0.0299	0.0299	0
20765	0.0000	0.1501	¥0.11	¥0.09	0.0299		0.0299	0.0299	0
20809	0.0000	0.1368	¥0.00	¥0.00	0.0149		0.0149	0.0149	0
20816	0.4169	0.6856	¥0.20	¥0.32	0.0746	0.1401	0.0746	0.0746	1
20817	0.4270	0.6963	¥0.58	¥0.31	0.0149	0.4312	0.0149	0.0149	1
20830	0.3590	0.5400	¥0.14	¥0.15	0.0448	0.1811	0.0448	0.0448	1
20845	0.3701	0.4831	¥0.18	¥0.15	0.0299	0.2490	0.0299	0.0299	1
20847	0.3535	0.4609	¥0.14	¥0.15	0.0448	0.1783	0.0448	0.0448	1
20849	0.0000	0.1039	¥0.01	¥0.01	0.0299		0.0299	0.0299	0
20855	0.0000	0.1572	¥0.16	¥0.09	0.0149		0.0149	0.0149	0
20866	0.5106	0.5329	¥0.29	¥0.24	0.0299	0.3436	0.0299	0.0299	1
20867	0.0000	0.1057	¥0.00	¥0.00	0.0149		0.0149	0.0149	0
20875	0.3076	0.5213	¥0.23	¥0.19	0.0299	0.2069	0.0299	0.0299	1
20903	0.0000	0.2185	¥0.01	¥0.01	0.0299		0.0299	0.0299	0
20907	0.0000	0.1492	¥0.00	¥0.00	0.0149		0.0149	0.0149	0
20920	0.0000	0.0133	¥0.00	¥0.00	0.0149		0.0149	0.0149	0
20942	0.0000	0.2744	¥0.00	¥0.00	0.0000		0.0000	0.0000	0
20982	0.1084	0.4538	¥0.18	¥0.19	0.0448	0.0544	0.0448	0.0448	1

Customer Key	Lifetime Day	Last Order Day	Ave Money Order	Ave Money Year	Ave Order Year	Order Ave Days	Total Orders	Products Num	Is Lost
20984	0.4417	0.6954	￥0.39	￥0.31	0.0299	0.2973	0.0299	0.0299	1
21002	0.4692	0.6714	￥0.28	￥0.22	0.0299	0.3158	0.0299	0.0299	1
21029	0.2948	0.3570	￥0.11	￥0.15	0.0597	0.1188	0.0597	0.0597	1
21031	0.0000	0.3091	￥0.03	￥0.04	0.0597		0.0597	0.0597	0
21039	0.1304	0.4547	￥0.35	￥0.19	0.0149	0.1315	0.0149	0.0149	1
21050	0.0000	0.3091	￥0.05	￥0.04	0.0299		0.0299	0.0299	0
21063	0.0000	0.2504	￥0.01	￥0.00	0.0299		0.0299	0.0299	0
21066	0.0000	0.0098	￥0.01	￥0.01	0.0597		0.0597	0.0597	0
21073	0.0000	0.1599	￥0.00	￥0.00	0.0149		0.0149	0.0149	0
21104	0.1754	0.3970	￥0.14	￥0.19	0.0597	0.0706	0.0597	0.0597	1
21105	0.1671	0.3952	￥0.24	￥0.19	0.0299	0.1123	0.0299	0.0299	1
21109	0.0000	0.0693	￥0.00	￥0.00	0.0149		0.0149	0.0149	0
21111	0.0000	0.3144	￥0.00	￥0.00	0.0299		0.0299	0.0299	0
21121	0.0000	0.2549	￥0.01	￥0.00	0.0000		0.0000	0.0000	0
21130	0.2094	0.4059	￥0.35	￥0.19	0.0149	0.2113	0.0149	0.0149	1
21132	0.0000	0.2105	￥0.01	￥0.00	0.0000		0.0000	0.0000	0
21154	0.0000	0.0480	￥0.00	￥0.01	0.0448		0.0448	0.0448	0
21173	0.5372	0.6741	￥0.43	￥0.35	0.0299	0.3616	0.0299	0.0299	1
21201	0.5344	0.6643	￥0.46	￥0.37	0.0299	0.3597	0.0299	0.0299	1
21237	0.0000	0.1501	￥0.02	￥0.01	0.0000		0.0000	0.0000	0
21248	0.0000	0.1519	￥0.00	￥0.00	0.0149		0.0149	0.0149	0
21252	0.0046	0.3126	￥0.00	￥0.01	0.0597	0.0016	0.0597	0.0597	0
21253	0.0000	0.1119	￥0.16	￥0.09	0.0149		0.0149	0.0149	0
21258	0.5675	0.6430	￥0.37	￥0.30	0.0299	0.3820	0.0299	0.0299	1
21261	0.0000	0.2522	￥0.01	￥0.01	0.0299		0.0299	0.0299	0
21292	0.0000	0.1314	￥0.00	￥0.00	0.0149		0.0149	0.0149	0
21297	0.0000	0.0382	￥0.24	￥0.13	0.0149		0.0149	0.0149	0
21321	0.0000	0.2833	￥0.00	￥0.00	0.0299		0.0299	0.0299	0
21322	0.0000	0.1421	￥0.00	￥0.00	0.0149		0.0149	0.0149	0
21331	0.1478	0.4822	￥0.19	￥0.20	0.0448	0.0744	0.0448	0.0448	1
21348	0.4279	0.4565	￥0.25	￥0.33	0.0597	0.1727	0.0597	0.0597	1

Customer Key	Lifetime Day	Last Order Day	Ave Money Order	Ave Money Year	Ave Order Year	Order Ave Days	Total Orders	Products Num	Is Lost
21354	0.1919	0.4503	￥0.25	￥0.20	0.0299	0.1290	0.0299	0.0299	1
21355	0.0000	0.1057	￥0.08	￥0.09	0.0448		0.0448	0.0448	0
21385	0.0000	0.0364	￥0.04	￥0.05	0.0448		0.0448	0.0448	0
21393	0.5409	0.6439	￥0.27	￥0.37	0.0597	0.2183	0.0597	0.0597	1
21421	0.0000	0.1687	￥0.01	￥0.01	0.0448		0.0448	0.0448	0
21425	0.0000	0.1821	￥0.00	￥0.00	0.0000		0.0000	0.0000	0
21433	0.0000	0.1439	￥0.01	￥0.01	0.0299		0.0299	0.0299	0
21451	0.0000	0.1936	￥0.00	￥0.00	0.0299		0.0299	0.0299	0
21466	0.0000	0.3286	￥0.04	￥0.04	0.0448		0.0448	0.0448	0
21486	0.0000	0.1075	￥0.16	￥0.09	0.0149		0.0149	0.0149	0
21515	0.0000	0.2096	￥0.01	￥0.00	0.0149		0.0149	0.0149	0
21521	0.0000	0.1465	￥0.00	￥0.00	0.0299		0.0299	0.0299	0
21536	0.0000	0.1172	￥0.00	￥0.01	0.0448		0.0448	0.0448	0
21570	0.5418	0.6066	￥0.22	￥0.35	0.0746	0.1822	0.0746	0.0746	1
21575	0.0000	0.3499	￥0.08	￥0.04	0.0149		0.0149	0.0149	0
21602	0.0000	0.3171	￥0.08	￥0.04	0.0149		0.0149	0.0149	0
21608	0.0000	0.3020	￥0.08	￥0.04	0.0149		0.0149	0.0149	0
21624	0.0000	0.2336	￥0.00	￥0.00	0.0299		0.0299	0.0299	0
21625	0.0000	0.1510	￥0.01	￥0.01	0.0299		0.0299	0.0299	0
21626	0.0000	0.1235	￥0.01	￥0.01	0.0299		0.0299	0.0299	0
21629	0.3040	0.3828	￥0.24	￥0.20	0.0299	0.2045	0.0299	0.0299	1
21635	0.0000	0.1963	￥0.00	￥0.01	0.0448		0.0448	0.0448	0
21650	0.0000	0.3082	￥0.05	￥0.04	0.0299		0.0299	0.0299	0
21656	0.0000	0.1465	￥0.01	￥0.00	0.0149		0.0149	0.0149	0
21662	0.0000	0.2496	￥0.01	￥0.00	0.0000		0.0000	0.0000	0
21667	0.0000	0.1048	￥0.11	￥0.06	0.0149		0.0149	0.0149	0
21719	0.0000	0.0790	￥0.01	￥0.01	0.0448		0.0448	0.0448	0
21745	0.0000	0.1519	￥0.00	￥0.01	0.0448		0.0448	0.0448	0
21764	0.0000	0.2753	￥0.00	￥0.00	0.0149		0.0149	0.0149	0
21767	0.0000	0.1581	￥0.01	￥0.01	0.0597		0.0597	0.0597	0
21782	0.0000	0.2442	￥0.00	￥0.00	0.0299		0.0299	0.0299	0

续表 1

Customer Key	Lifetime Day	Last Order Day	Ave Money Order	Ave Money Year	Ave Order Year	Order Ave Days	Total Orders	Products Num	Is Lost
21839	0.0000	0.1368	¥0.01	¥0.01	0.0299		0.0299	0.0299	0
21851	0.0000	0.2744	¥0.00	¥0.00	0.0000		0.0000	0.0000	0
21877	0.5344	0.6057	¥0.65	¥0.35	0.0149	0.5398	0.0149	0.0149	1
21893	0.5546	0.6190	¥0.26	¥0.35	0.0597	0.2239	0.0597	0.0597	1
21902	0.0000	0.0773	¥0.00	¥0.00	0.0299		0.0299	0.0299	0
21938	0.0000	0.1492	¥0.00	¥0.00	0.0149		0.0149	0.0149	0
21963	0.0000	0.2380	¥0.01	¥0.00	0.0149		0.0149	0.0149	0
21977	0.0000	0.2052	¥0.01	¥0.01	0.0299		0.0299	0.0299	0
21992	0.0000	0.0275	¥0.01	¥0.01	0.0597		0.0597	0.0597	0
21993	0.0000	0.2895	¥0.01	¥0.01	0.0299		0.0299	0.0299	0
21997	0.0000	0.0764	¥0.01	¥0.00	0.0149		0.0149	0.0149	0
22019	0.0000	0.2975	¥0.00	¥0.00	0.0149		0.0149	0.0149	0
22046	0.0000	0.2647	¥0.05	¥0.04	0.0299		0.0299	0.0299	0
22058	0.9229	0.9441	¥0.58	¥0.31	0.0149	0.9323	0.0149	0.0149	1
22078	0.0000	0.2442	¥0.05	¥0.04	0.0299		0.0299	0.0299	0
22079	0.0000	0.0986	¥0.00	¥0.00	0.0149		0.0149	0.0149	0
22101	0.0000	0.1012	¥0.00	¥0.00	0.0149		0.0149	0.0149	0
22127	0.0000	0.2345	¥0.01	¥0.01	0.0299		0.0299	0.0299	0
22139	0.0000	0.2318	¥0.08	¥0.04	0.0149		0.0149	0.0149	0
22159	0.0000	0.0426	¥0.00	¥0.00	0.0149		0.0149	0.0149	0
22168	0.3783	0.5826	¥0.21	¥0.23	0.0448	0.1908	0.0448	0.0448	1
22170	0.3627	0.5906	¥0.19	¥0.21	0.0448	0.1830	0.0448	0.0448	1
22171	0.3545	0.5719	¥0.38	¥0.20	0.0149	0.3579	0.0149	0.0149	1
22186	0.0000	0.0320	¥0.16	¥0.09	0.0149		0.0149	0.0149	0
22191	0.0000	0.2274	¥0.01	¥0.01	0.0448		0.0448	0.0448	0
22207	0.5519	0.5622	¥0.46	¥0.37	0.0299	0.3715	0.0299	0.0299	1
22227	0.0000	0.2735	¥0.00	¥0.00	0.0149		0.0149	0.0149	0
22229	0.0000	0.0489	¥0.11	¥0.09	0.0299		0.0299	0.0299	0
22230	0.7833	0.8686	¥0.24	¥0.32	0.0597	0.3163	0.0597	0.0597	1
22235	0.0000	0.0355	¥0.16	¥0.09	0.0149		0.0149	0.0149	0
22237	0.0000	0.1643	¥0.01	¥0.00	0.0000		0.0000	0.0000	0

续表 1

Customer Key	Lifetime Day	Last Order Day	Ave Money Order	Ave Money Year	Ave Order Year	Order Ave Days	Total Orders	Products Num	Is Lost
22240	0.0000	0.2114	¥0.00	¥0.00	0.0149		0.0149	0.0149	0
22283	0.0000	0.1430	¥0.01	¥0.01	0.0448		0.0448	0.0448	0
22320	0.0000	0.1554	¥0.24	¥0.13	0.0149		0.0149	0.0149	0
22335	0.0000	0.2869	¥0.04	¥0.04	0.0448		0.0448	0.0448	0
22356	0.0000	0.0018	¥0.00	¥0.00	0.0299		0.0299	0.0299	0
22362	0.0000	0.1243	¥0.00	¥0.00	0.0149		0.0149	0.0149	0
22378	0.0000	0.2620	¥0.00	¥0.00	0.0149		0.0149	0.0149	0
22411	0.3627	0.5453	¥0.15	¥0.21	0.0597	0.1463	0.0597	0.0597	1
22425	0.0000	0.0853	¥0.00	¥0.00	0.0149		0.0149	0.0149	0
22429	0.0000	0.1332	¥0.10	¥0.13	0.0597		0.0597	0.0597	0
22443	0.0000	0.2131	¥0.05	¥0.04	0.0299		0.0299	0.0299	0
22470	0.0000	0.0773	¥0.24	¥0.13	0.0149		0.0149	0.0149	0
22472	0.0000	0.1821	¥0.15	¥0.04	0.0000		0.0000	0.0000	0
22492	0.0000	0.3046	¥0.01	¥0.00	0.0299		0.0299	0.0299	0
22501	0.0000	0.1981	¥0.12	¥0.19	0.0746		0.0746	0.0746	0
22515	0.0000	0.1519	¥0.05	¥0.04	0.0299		0.0299	0.0299	0
22560	0.0000	0.2487	¥0.01	¥0.01	0.0299		0.0299	0.0299	0
22562	0.0000	0.2842	¥0.00	¥0.00	0.0149		0.0149	0.0149	0
22574	0.0000	0.2123	¥0.02	¥0.01	0.0000		0.0000	0.0000	0
22593	0.0000	0.1377	¥0.05	¥0.04	0.0299		0.0299	0.0299	0
22602	0.0000	0.0462	¥0.24	¥0.13	0.0149		0.0149	0.0149	0
22667	0.0000	0.3464	¥0.16	¥0.09	0.0149		0.0149	0.0149	0
22692	0.0000	0.0657	¥0.17	¥0.19	0.0448		0.0448	0.0448	0
22767	0.0000	0.2744	¥0.01	¥0.01	0.0299		0.0299	0.0299	0
22836	0.0000	0.0453	¥0.22	¥0.18	0.0299		0.0299	0.0299	0
22838	0.0000	0.1723	¥0.01	¥0.00	0.0000		0.0000	0.0000	0
22839	0.0000	0.3171	¥0.00	¥0.00	0.0448		0.0448	0.0448	0
22842	0.0000	0.1998	¥0.01	¥0.01	0.0448		0.0448	0.0448	0
22859	0.0000	0.1750	¥0.00	¥0.00	0.0000		0.0000	0.0000	0
22860	0.5326	0.5453	¥0.26	¥0.35	0.0597	0.2150	0.0597	0.0597	1
22862	0.0000	0.1634	¥0.15	¥0.04	0.0000		0.0000	0.0000	0

续表 1

Customer Key	Lifetime Day	Last Order Day	Ave Money Order	Ave Money Year	Ave Order Year	Order Ave Days	Total Orders	Products Num	Is Lost
22887	0.0000	0.2451	￥0.04	￥0.04	0.0448		0.0448	0.0448	0
22913	0.5087	0.5400	￥0.33	￥0.35	0.0448	0.2567	0.0448	0.0448	1
22965	0.0000	0.1146	￥0.00	￥0.00	0.0149		0.0149	0.0149	0
22966	0.2727	0.5169	￥0.36	￥0.29	0.0299	0.1834	0.0299	0.0299	1
22976	0.7567	0.7886	￥0.56	￥0.45	0.0299	0.5094	0.0299	0.0299	1
22981	0.0000	0.0417	￥0.01	￥0.01	0.0448		0.0448	0.0448	0
23001	0.0000	0.1004	￥0.00	￥0.00	0.0299		0.0299	0.0299	0
23037	0.0000	0.0062	￥0.00	￥0.00	0.0149		0.0149	0.0149	0
23043	0.0000	0.0346	￥0.01	￥0.00	0.0000		0.0000	0.0000	0
23072	0.0000	0.2504	￥0.00	￥0.00	0.0299		0.0299	0.0299	0
23075	0.0000	0.2380	￥0.05	￥0.04	0.0299		0.0299	0.0299	0
23091	0.0000	0.0577	￥0.01	￥0.01	0.0448		0.0448	0.0448	0
23105	0.1928	0.5346	￥0.23	￥0.25	0.0448	0.0971	0.0448	0.0448	1
23153	0.0000	0.2780	￥0.00	￥0.00	0.0149		0.0149	0.0149	0
23169	0.0000	0.1137	￥0.05	￥0.05	0.0448		0.0448	0.0448	0
23172	0.5106	0.8073	￥0.27	￥0.36	0.0597	0.2061	0.0597	0.0597	1
23192	0.0000	0.1288	￥0.00	￥0.00	0.0149		0.0149	0.0149	0
23195	0.0000	0.1758	￥0.04	￥0.05	0.0597		0.0597	0.0597	0
23216	0.0000	0.1634	￥0.03	￥0.05	0.0597		0.0597	0.0597	0
23224	0.0000	0.3197	￥0.11	￥0.09	0.0299		0.0299	0.0299	0
23228	0.0000	0.2691	￥0.01	￥0.00	0.0299		0.0299	0.0299	0
23229	0.0000	0.0995	￥0.00	￥0.00	0.0149		0.0149	0.0149	0
23230	0.0000	0.2727	￥0.16	￥0.09	0.0149		0.0149	0.0149	0
23232	0.0000	0.2638	￥0.31	￥0.08	0.0000		0.0000	0.0000	0
23257	0.0000	0.1767	￥0.15	￥0.04	0.0000		0.0000	0.0000	0
23260	0.0000	0.0862	￥0.01	￥0.01	0.0448		0.0448	0.0448	0
23292	0.0000	0.1616	￥0.00	￥0.00	0.0149		0.0149	0.0149	0
23323	0.3379	0.4902	￥0.19	￥0.21	0.0448	0.1704	0.0448	0.0448	1
23342	0.0000	0.0995	￥0.04	￥0.04	0.0448		0.0448	0.0448	0
23347	0.0000	0.1279	￥0.00	￥0.00	0.0000		0.0000	0.0000	0
23369	0.0000	0.1243	￥0.04	￥0.05	0.0448		0.0448	0.0448	0

Customer Key	Lifetime Day	Last Order Day	Ave Money Order	Ave Money Year	Ave Order Year	Order Ave Days	Total Orders	Products Num	Is Lost
23370	0.0000	0.1075	¥0.05	¥0.04	0.0299		0.0299	0.0299	0
23376	0.5124	0.7620	¥0.49	¥0.40	0.0299	0.3449	0.0299	0.0299	1
23398	0.0000	0.1172	¥0.05	¥0.04	0.0299		0.0299	0.0299	0
23415	0.2443	0.5116	¥0.33	¥0.27	0.0299	0.1642	0.0299	0.0299	1
23454	0.0000	0.1030	¥0.04	¥0.04	0.0448		0.0448	0.0448	0
23459	0.0000	0.1155	¥0.00	¥0.00	0.0149		0.0149	0.0149	0
23485	0.0000	0.0258	¥0.01	¥0.01	0.0299		0.0299	0.0299	0
23488	0.0000	0.0737	¥0.00	¥0.00	0.0000		0.0000	0.0000	0
23523	0.1827	0.4707	¥0.31	¥0.25	0.0299	0.1228	0.0299	0.0299	1
23530	0.0000	0.0204	¥0.00	¥0.00	0.0149		0.0149	0.0149	0
23555	0.0000	0.2744	¥0.00	¥0.00	0.0149		0.0149	0.0149	0
23560	0.0000	0.0870	¥0.05	¥0.04	0.0299		0.0299	0.0299	0
23597	0.0000	0.3250	¥0.17	¥0.19	0.0448		0.0448	0.0448	0
23624	0.0000	0.2220	¥0.01	¥0.00	0.0299		0.0299	0.0299	0
23639	0.0000	0.2984	¥0.01	¥0.01	0.0299		0.0299	0.0299	0
23648	0.3177	0.4636	¥0.58	¥0.31	0.0149	0.3208	0.0149	0.0149	1
23649	0.3462	0.4725	¥0.28	¥0.30	0.0448	0.1746	0.0448	0.0448	1
23658	0.3425	0.4405	¥0.37	¥0.30	0.0299	0.2304	0.0299	0.0299	1
23669	0.0000	0.0355	¥0.01	¥0.00	0.0000		0.0000	0.0000	0
23699	0.0000	0.1590	¥0.12	¥0.10	0.0299		0.0299	0.0299	0
23726	0.0000	0.0844	¥0.04	¥0.04	0.0448		0.0448	0.0448	0
23745	0.0000	0.2425	¥0.00	¥0.00	0.0448		0.0448	0.0448	0
23759	0.0000	0.3304	¥0.35	¥0.19	0.0149		0.0149	0.0149	0
23788	0.0000	0.1412	¥0.34	¥0.09	0.0000		0.0000	0.0000	0
23791	0.0000	0.1883	¥0.01	¥0.01	0.0299		0.0299	0.0299	0
23800	0.0000	0.1012	¥0.01	¥0.01	0.0299		0.0299	0.0299	0
23826	0.0000	0.2593	¥0.00	¥0.00	0.0149		0.0149	0.0149	0
23840	0.0000	0.0595	¥0.15	¥0.04	0.0000		0.0000	0.0000	0
23857	0.0000	0.0666	¥0.04	¥0.05	0.0448		0.0448	0.0448	0
23890	0.0000	0.1385	¥0.00	¥0.00	0.0149		0.0149	0.0149	0
23909	0.0000	0.0684	¥0.08	¥0.04	0.0149		0.0149	0.0149	0

续表 1

Customer Key	Lifetime Day	Last Order Day	Ave Money Order	Ave Money Year	Ave Order Year	Order Ave Days	Total Orders	Products Num	Is Lost
23913	0.0000	0.0258	¥0.00	¥0.00	0.0448		0.0448	0.0448	0
23924	0.0000	0.2114	¥0.16	¥0.08	0.0149		0.0149	0.0149	0
23931	0.0000	0.0053	¥0.01	¥0.01	0.0299		0.0299	0.0299	0
23960	0.0000	0.1474	¥0.04	¥0.05	0.0448		0.0448	0.0448	0
23970	0.0000	0.0817	¥0.00	¥0.00	0.0299		0.0299	0.0299	0
23998	0.3085	0.4538	¥0.26	¥0.21	0.0299	0.2076	0.0299	0.0299	1
24025	0.0000	0.1350	¥0.04	¥0.04	0.0448		0.0448	0.0448	0
24047	0.0000	0.1838	¥0.16	¥0.09	0.0149		0.0149	0.0149	0
24086	0.0000	0.1110	¥0.01	¥0.00	0.0149		0.0149	0.0149	0
24093	0.0000	0.3197	¥0.17	¥0.19	0.0448		0.0448	0.0448	0
24117	0.0000	0.1146	¥0.00	¥0.00	0.0149		0.0149	0.0149	0
24130	0.0000	0.2069	¥0.00	¥0.00	0.0299		0.0299	0.0299	0
24157	0.0000	0.2211	¥0.34	¥0.18	0.0149		0.0149	0.0149	0
24180	0.0000	0.1181	¥0.00	¥0.00	0.0149		0.0149	0.0149	0
24195	0.0000	0.2300	¥0.01	¥0.00	0.0149		0.0149	0.0149	0
24212	0.0000	0.1270	¥0.16	¥0.09	0.0149		0.0149	0.0149	0
24235	0.6355	0.7203	¥0.27	¥0.36	0.0597	0.2565	0.0597	0.0597	1
24261	0.0000	0.1776	¥0.01	¥0.01	0.0299		0.0299	0.0299	0
24272	0.3278	0.4219	¥0.19	¥0.21	0.0448	0.1653	0.0448	0.0448	1
24285	0.0000	0.1838	¥0.01	¥0.00	0.0000		0.0000	0.0000	0
24297	0.0000	0.3073	¥0.00	¥0.00	0.0299		0.0299	0.0299	0
24316	0.0000	0.0782	¥0.00	¥0.00	0.0299		0.0299	0.0299	0
24385	0.0000	0.0329	¥0.04	¥0.04	0.0448		0.0448	0.0448	0
24395	0.0000	0.2691	¥0.00	¥0.00	0.0149		0.0149	0.0149	0
24423	0.0000	0.2718	¥0.01	¥0.00	0.0000		0.0000	0.0000	0
24428	0.0000	0.0622	¥0.02	¥0.01	0.0149		0.0149	0.0149	0
24496	0.5032	0.6981	¥0.40	¥0.33	0.0299	0.3387	0.0299	0.0299	1
24518	0.0000	0.1821	¥0.00	¥0.00	0.0149		0.0149	0.0149	0
24566	0.0000	0.0604	¥0.00	¥0.00	0.0000		0.0000	0.0000	0
24574	0.0000	0.1545	¥0.01	¥0.01	0.0448		0.0448	0.0448	0
24583	0.0000	0.2007	¥0.23	¥0.19	0.0299		0.0299	0.0299	0

续表 1

Customer Key	Lifetime Day	Last Order Day	Ave Money Order	Ave Money Year	Ave Order Year	Order Ave Days	Total Orders	Products Num	Is Lost
24597	0.3388	0.3703	¥0.16	¥0.30	0.0896	0.0975	0.0896	0.0896	1
24602	0.3278	0.3526	¥0.54	¥0.29	0.0149	0.3310	0.0149	0.0149	1
24608	0.3673	0.6608	¥0.30	¥0.16	0.0149	0.3709	0.0149	0.0149	1
24656	0.0000	0.2247	¥0.00	¥0.00	0.0149		0.0149	0.0149	0
24685	0.0000	0.1679	¥0.33	¥0.18	0.0149		0.0149	0.0149	0
24701	0.0000	0.1439	¥0.16	¥0.13	0.0299		0.0299	0.0299	0
24734	0.0000	0.2815	¥0.12	¥0.19	0.0746		0.0746	0.0746	0
24736	0.0000	0.2149	¥0.01	¥0.01	0.0299		0.0299	0.0299	0
24739	0.0000	0.1545	¥0.17	¥0.18	0.0448		0.0448	0.0448	0
24772	0.0000	0.2602	¥0.02	¥0.01	0.0299		0.0299	0.0299	0
24779	0.0000	0.2753	¥0.34	¥0.18	0.0149		0.0149	0.0149	0
24804	0.0000	0.2647	¥0.67	¥0.18	0.0000		0.0000	0.0000	0
24813	0.0000	0.2576	¥0.01	¥0.01	0.0299		0.0299	0.0299	0
24852	0.0000	0.1936	¥0.23	¥0.18	0.0299		0.0299	0.0299	0
24934	0.0000	0.0497	¥0.01	¥0.00	0.0000		0.0000	0.0000	0
24986	0.0000	0.0773	¥0.00	¥0.00	0.0000		0.0000	0.0000	0
25003	0.0000	0.2007	¥0.01	¥0.00	0.0149		0.0149	0.0149	0
25010	0.4215	0.4973	¥0.21	¥0.12	0.0149	0.4256	0.0149	0.0149	1
25015	0.0000	0.2629	¥0.17	¥0.19	0.0448		0.0448	0.0448	0
25024	0.0000	0.1510	¥0.01	¥0.00	0.0000		0.0000	0.0000	0
25028	0.0000	0.0195	¥0.00	¥0.00	0.0149		0.0149	0.0149	0
25032	0.3186	0.4671	¥0.12	¥0.16	0.0597	0.1285	0.0597	0.0597	1
25037	0.2590	0.4458	¥0.20	¥0.16	0.0299	0.1741	0.0299	0.0299	1
25049	0.0000	0.2433	¥0.33	¥0.18	0.0149		0.0149	0.0149	0
25065	0.0000	0.2700	¥0.01	¥0.01	0.0299		0.0299	0.0299	0
25103	0.0000	0.1572	¥0.01	¥0.01	0.0299		0.0299	0.0299	0
25107	0.2489	0.4565	¥0.12	¥0.16	0.0597	0.1003	0.0597	0.0597	1
25113	0.2792	0.4139	¥0.15	¥0.16	0.0448	0.1407	0.0448	0.0448	1
25120	0.2397	0.4325	¥0.20	¥0.16	0.0299	0.1612	0.0299	0.0299	1
25131	0.0000	0.1696	¥0.00	¥0.00	0.0000		0.0000	0.0000	0
25142	0.0000	0.2655	¥0.00	¥0.00	0.0149		0.0149	0.0149	0

Customer Key	Lifetime Day	Last Order Day	Ave Money Order	Ave Money Year	Ave Order Year	Order Ave Days	Total Orders	Products Num	Is Lost
25160	0.0000	0.2016	￥0.00	￥0.00	0.0448		0.0448	0.0448	0
25196	0.0000	0.0737	￥0.01	￥0.00	0.0149		0.0149	0.0149	0
25205	0.0000	0.0790	￥0.00	￥0.00	0.0299		0.0299	0.0299	0
25207	0.0000	0.2362	￥0.01	￥0.01	0.0448		0.0448	0.0448	0
25208	0.0000	0.2238	￥0.00	￥0.00	0.0149		0.0149	0.0149	0
25213	0.2158	0.3934	￥0.12	￥0.16	0.0597	0.0869	0.0597	0.0597	1
25221	0.2351	0.3872	￥0.12	￥0.16	0.0597	0.0947	0.0597	0.0597	1
25234	0.1901	0.3588	￥0.20	￥0.16	0.0299	0.1278	0.0299	0.0299	1
25238	0.0000	0.2096	￥0.00	￥0.00	0.0149		0.0149	0.0149	0
25250	0.8687	0.9760	￥0.10	￥0.14	0.0597	0.3508	0.0597	0.0597	1
25258	0.0000	0.1421	￥0.01	￥0.00	0.0149		0.0149	0.0149	0
25277	0.0000	0.0933	￥0.01	￥0.01	0.0448		0.0448	0.0448	0
25292	0.0000	0.2300	￥0.01	￥0.01	0.0448		0.0448	0.0448	0
25310	0.0000	0.3233	￥0.01	￥0.00	0.0299		0.0299	0.0299	0
25314	0.0000	0.2735	￥0.00	￥0.00	0.0149		0.0149	0.0149	0
25353	0.0000	0.1279	￥0.00	￥0.00	0.0149		0.0149	0.0149	0
25362	0.0000	0.0888	￥0.10	￥0.06	0.0149		0.0149	0.0149	0
25365	0.0000	0.0489	￥0.05	￥0.06	0.0448		0.0448	0.0448	0
25372	0.0000	0.2664	￥0.01	￥0.00	0.0000		0.0000	0.0000	0
25375	0.0000	0.0053	￥0.01	￥0.00	0.0000		0.0000	0.0000	0
25384	0.0000	0.2700	￥0.17	￥0.09	0.0149		0.0149	0.0149	0
25430	0.0000	0.1901	￥0.34	￥0.18	0.0149		0.0149	0.0149	0
25436	0.0000	0.1679	￥0.17	￥0.09	0.0149		0.0149	0.0149	0
25514	0.0000	0.2016	￥0.00	￥0.00	0.0149		0.0149	0.0149	0
25590	0.0000	0.0417	￥0.05	￥0.04	0.0299		0.0299	0.0299	0
25601	0.0000	0.0515	￥0.05	￥0.04	0.0299		0.0299	0.0299	0
25602	0.0000	0.1492	￥0.16	￥0.13	0.0299		0.0299	0.0299	0
25615	0.0000	0.3073	￥0.08	￥0.04	0.0149		0.0149	0.0149	0
25714	0.7952	0.8242	￥0.07	￥0.10	0.0597	0.3211	0.0597	0.0597	1
25723	0.0000	0.3437	￥0.11	￥0.06	0.0149		0.0149	0.0149	0
25737	0.0000	0.1243	￥0.12	￥0.13	0.0448		0.0448	0.0448	0

Customer Key	Lifetime Day	Last Order Day	Ave Money Order	Ave Money Year	Ave Order Year	Order Ave Days	Total Orders	Products Num	Is Lost
25745	0.0000	0.1634	¥0.17	¥0.19	0.0448		0.0448	0.0448	0
25760	0.0000	0.2664	¥0.04	¥0.04	0.0448		0.0448	0.0448	0
25799	0.0000	0.3224	¥0.00	¥0.00	0.0149		0.0149	0.0149	0
25815	0.0000	0.3091	¥0.00	¥0.00	0.0149		0.0149	0.0149	0
25824	0.0000	0.1048	¥0.00	¥0.00	0.0149		0.0149	0.0149	0
25829	0.6593	0.7718	¥0.13	¥0.14	0.0448	0.3328	0.0448	0.0448	1
25853	0.0000	0.0302	¥0.00	¥0.00	0.0149		0.0149	0.0149	0
25913	0.0000	0.0666	¥0.00	¥0.00	0.0149		0.0149	0.0149	0
25939	0.6400	0.6918	¥0.09	¥0.10	0.0448	0.3231	0.0448	0.0448	1
25985	0.7677	0.8277	¥0.26	¥0.35	0.0597	0.3100	0.0597	0.0597	1
25991	0.3921	0.5879	¥0.13	¥0.21	0.0746	0.1318	0.0746	0.0746	1
26028	0.5537	0.6217	¥0.18	¥0.15	0.0299	0.3727	0.0299	0.0299	1
26030	0.0000	0.2016	¥0.01	¥0.00	0.0000		0.0000	0.0000	0
26044	0.0000	0.2513	¥0.01	¥0.01	0.0448		0.0448	0.0448	0
26058	0.5528	0.7096	¥0.54	¥0.44	0.0299	0.3721	0.0299	0.0299	1
26068	0.0000	0.0755	¥0.01	¥0.00	0.0000		0.0000	0.0000	0
26078	0.0000	0.3002	¥0.01	¥0.00	0.0299		0.0299	0.0299	0
26111	0.5629	0.6856	¥0.54	¥0.44	0.0299	0.3789	0.0299	0.0299	1
26115	0.2957	0.4592	¥0.14	¥0.23	0.0746	0.0993	0.0746	0.0746	1
26180	0.0000	0.1208	¥0.00	¥0.00	0.0000		0.0000	0.0000	0
26199	0.0000	0.3215	¥0.01	¥0.00	0.0000		0.0000	0.0000	0
26243	0.0000	0.0462	¥0.00	¥0.00	0.0149		0.0149	0.0149	0
26254	0.0000	0.1758	¥0.00	¥0.00	0.0149		0.0149	0.0149	0
26262	0.0000	0.1998	¥0.01	¥0.01	0.0299		0.0299	0.0299	0
26263	0.0000	0.2824	¥0.01	¥0.00	0.0000		0.0000	0.0000	0
26290	0.6217	0.6412	¥0.31	¥0.25	0.0299	0.4185	0.0299	0.0299	1
26392	0.0000	0.2611	¥0.01	¥0.00	0.0299		0.0299	0.0299	0
26393	0.0000	0.2034	¥0.01	¥0.00	0.0000		0.0000	0.0000	0
26415	0.0000	0.0080	¥0.01	¥0.01	0.0299		0.0299	0.0299	0
26417	0.0000	0.2123	¥0.00	¥0.00	0.0149		0.0149	0.0149	0
26443	0.5051	0.5524	¥0.18	¥0.15	0.0299	0.3399	0.0299	0.0299	1

Customer Key	Lifetime Day	Last Order Day	Ave Money Order	Ave Money Year	Ave Order Year	Order Ave Days	Total Orders	Products Num	Is Lost
26452	0.0000	0.2593	¥0.01	¥0.00	0.0149		0.0149	0.0149	0
26459	0.0000	0.1377	¥0.01	¥0.00	0.0299		0.0299	0.0299	0
26467	0.0000	0.0515	¥0.00	¥0.00	0.0299		0.0299	0.0299	0
26479	0.0000	0.1004	¥0.00	¥0.00	0.0299		0.0299	0.0299	0
26514	0.0000	0.1998	¥0.00	¥0.00	0.0149		0.0149	0.0149	0
26588	0.4775	0.5044	¥0.18	¥0.15	0.0299	0.3214	0.0299	0.0299	1
26592	0.0000	0.2194	¥0.01	¥0.01	0.0149		0.0149	0.0149	0
26604	0.4224	0.5275	¥0.41	¥0.33	0.0299	0.2843	0.0299	0.0299	1
26624	0.3903	0.5160	¥0.26	¥0.21	0.0299	0.2626	0.0299	0.0299	1
26671	0.0000	0.1021	¥0.02	¥0.01	0.0000		0.0000	0.0000	0
26691	0.0000	0.3046	¥0.01	¥0.00	0.0000		0.0000	0.0000	0
26693	0.0000	0.2940	¥0.00	¥0.00	0.0149		0.0149	0.0149	0
26706	0.0000	0.2851	¥0.00	¥0.00	0.0149		0.0149	0.0149	0
26717	0.0000	0.5062	¥0.58	¥0.16	0.0000		0.0000	0.0000	0
26722	0.0000	0.2949	¥0.00	¥0.00	0.0149		0.0149	0.0149	0
26736	0.0000	0.3082	¥0.00	¥0.00	0.0149		0.0149	0.0149	0
26828	0.0000	0.0755	¥0.12	¥0.13	0.0448		0.0448	0.0448	0
26863	0.0000	0.0204	¥0.00	¥0.00	0.0000		0.0000	0.0000	0
26883	0.0000	0.0568	¥0.01	¥0.01	0.0299		0.0299	0.0299	0
26898	0.0000	0.2940	¥0.01	¥0.01	0.0597		0.0597	0.0597	0
26904	0.0000	0.3144	¥0.01	¥0.00	0.0000		0.0000	0.0000	0
26908	0.0000	0.0888	¥0.00	¥0.00	0.0299		0.0299	0.0299	0
26955	0.0000	0.1599	¥0.05	¥0.04	0.0299		0.0299	0.0299	0
26960	0.0000	0.1732	¥0.08	¥0.04	0.0149		0.0149	0.0149	0
27070	0.0000	0.0346	¥0.01	¥0.01	0.0299		0.0299	0.0299	0
27090	0.0000	0.4361	¥0.57	¥0.15	0.0000		0.0000	0.0000	0
27099	0.0000	0.5435	¥0.22	¥0.06	0.0000		0.0000	0.0000	0
27104	0.3664	0.4529	¥0.42	¥0.34	0.0299	0.2465	0.0299	0.0299	1
27124	0.0000	0.1137	¥0.06	¥0.06	0.0448		0.0448	0.0448	0
27177	0.0000	0.0497	¥0.00	¥0.00	0.0149		0.0149	0.0149	0
27271	0.0000	0.3828	¥0.58	¥0.16	0.0000		0.0000	0.0000	0

Customer Key	Lifetime Day	Last Order Day	Ave Money Order	Ave Money Year	Ave Order Year	Order Ave Days	Total Orders	Products Num	Is Lost
27307	0.0000	0.1723	¥0.01	¥0.01	0.0299		0.0299	0.0299	0
27325	0.0000	0.2851	¥0.01	¥0.02	0.0448		0.0448	0.0448	0
27339	0.1423	0.4041	¥0.09	¥0.10	0.0448	0.0716	0.0448	0.0448	1
27347	0.0000	0.2025	¥0.01	¥0.01	0.0149		0.0149	0.0149	0
27353	0.2020	0.4023	¥0.08	¥0.10	0.0597	0.0814	0.0597	0.0597	1
27403	0.0000	0.0648	¥0.01	¥0.01	0.0299		0.0299	0.0299	0
27410	0.0000	0.2256	¥0.00	¥0.00	0.0149		0.0149	0.0149	0
27428	0.0000	0.1892	¥0.01	¥0.01	0.0149		0.0149	0.0149	0
27466	0.0000	0.2069	¥0.01	¥0.00	0.0299		0.0299	0.0299	0
27470	0.3315	0.3597	¥0.08	¥0.10	0.0597	0.1337	0.0597	0.0597	1
27497	0.0000	0.2034	¥0.00	¥0.00	0.0149		0.0149	0.0149	0
27519	0.0000	0.0524	¥0.01	¥0.01	0.0149		0.0149	0.0149	0
27551	0.0000	0.3712	¥0.57	¥0.15	0.0000		0.0000	0.0000	0
27608	0.0000	0.0755	¥0.00	¥0.00	0.0149		0.0149	0.0149	0
27618	0.0000	0.1581	¥0.01	¥0.01	0.0299		0.0299	0.0299	0
27619	0.0000	0.1785	¥0.00	¥0.00	0.0149		0.0149	0.0149	0
27628	0.0000	0.1563	¥0.00	¥0.00	0.0000		0.0000	0.0000	0
27632	0.0000	0.1075	¥0.00	¥0.00	0.0149		0.0149	0.0149	0
27637	0.0000	0.1847	¥0.01	¥0.01	0.0299		0.0299	0.0299	0
27674	0.0000	0.1430	¥0.00	¥0.00	0.0149		0.0149	0.0149	0
27681	0.0000	0.9574	¥1.00	¥0.27	0.0000		0.0000	0.0000	1
27734	0.0000	0.2105	¥0.02	¥0.01	0.0149		0.0149	0.0149	0
27736	0.0000	0.0515	¥0.01	¥0.00	0.0299		0.0299	0.0299	0
27754	0.0000	0.1412	¥0.00	¥0.00	0.0149		0.0149	0.0149	0
27757	0.0000	0.2744	¥0.01	¥0.01	0.0299		0.0299	0.0299	0
27766	0.0000	0.3464	¥0.08	¥0.06	0.0299		0.0299	0.0299	0
27776	0.0000	0.0675	¥0.10	¥0.06	0.0149		0.0149	0.0149	0
27783	0.0000	0.2673	¥0.01	¥0.01	0.0299		0.0299	0.0299	0
27789	0.0000	0.1341	¥0.05	¥0.04	0.0299		0.0299	0.0299	0
27809	0.0000	0.1723	¥0.11	¥0.09	0.0299		0.0299	0.0299	0
27823	0.0000	0.1838	¥0.11	¥0.09	0.0299		0.0299	0.0299	0

Customer Key	Lifetime Day	Last Order Day	Ave Money Order	Ave Money Year	Ave Order Year	Order Ave Days	Total Orders	Products Num	Is Lost
27833	0.0000	0.0631	¥0.01	¥0.00	0.0000		0.0000	0.0000	0
27844	0.0000	0.1989	¥0.01	¥0.01	0.0299		0.0299	0.0299	0
27864	0.0000	0.2131	¥0.23	¥0.18	0.0299		0.0299	0.0299	0
27913	0.0000	0.1510	¥0.00	¥0.00	0.0000		0.0000	0.0000	0
27923	0.0000	0.0862	¥0.01	¥0.00	0.0000		0.0000	0.0000	0
27931	0.0000	0.0595	¥0.00	¥0.00	0.0149		0.0149	0.0149	0
27946	0.0000	0.0622	¥0.08	¥0.09	0.0448		0.0448	0.0448	0
27957	0.0000	0.2691	¥0.00	¥0.00	0.0149		0.0149	0.0149	0
27969	0.0000	0.0568	¥0.06	¥0.04	0.0299		0.0299	0.0299	0
27975	0.0000	0.1235	¥0.01	¥0.01	0.0299		0.0299	0.0299	0
28032	0.0000	0.3028	¥0.01	¥0.01	0.0299		0.0299	0.0299	0
28040	0.0000	0.9636	¥1.00	¥0.27	0.0000		0.0000	0.0000	1
28098	0.0000	0.0693	¥0.17	¥0.09	0.0149		0.0149	0.0149	0
28110	0.0000	0.2860	¥0.05	¥0.06	0.0597		0.0597	0.0597	0
28113	0.0000	0.2531	¥0.13	¥0.07	0.0149		0.0149	0.0149	0
28184	0.0000	0.9263	¥1.00	¥0.27	0.0000		0.0000	0.0000	1
28199	0.0000	0.9165	¥1.00	¥0.27	0.0000		0.0000	0.0000	1
28211	0.0000	0.2593	¥0.15	¥0.04	0.0000		0.0000	0.0000	0
28212	0.0000	0.2522	¥0.04	¥0.05	0.0448		0.0448	0.0448	0
28228	0.0000	0.1297	¥0.01	¥0.00	0.0000		0.0000	0.0000	0
28234	0.9054	0.9094	¥0.42	¥0.45	0.0448	0.4572	0.0448	0.0448	1
28262	0.0000	0.0062	¥0.00	¥0.00	0.0149		0.0149	0.0149	0
28299	0.0000	0.9050	¥1.00	¥0.27	0.0000		0.0000	0.0000	1
28334	0.0000	0.1270	¥0.01	¥0.00	0.0000		0.0000	0.0000	0
28340	0.0000	0.9032	¥1.00	¥0.27	0.0000		0.0000	0.0000	1
28388	0.0000	0.1989	¥0.10	¥0.06	0.0149		0.0149	0.0149	0
28392	0.0000	0.3179	¥0.00	¥0.00	0.0149		0.0149	0.0149	0
28394	0.8347	0.9503	¥0.42	¥0.34	0.0299	0.5620	0.0299	0.0299	1
28419	0.7282	0.8242	¥0.32	¥0.34	0.0448	0.3676	0.0448	0.0448	1
28423	0.0000	0.2815	¥0.00	¥0.00	0.0149		0.0149	0.0149	0
28443	0.0000	0.8073	¥0.94	¥0.25	0.0000		0.0000	0.0000	1

Customer Key	Lifetime Day	Last Order Day	Ave Money Order	Ave Money Year	Ave Order Year	Order Ave Days	Total Orders	Products Num	Is Lost
28453	0.0000	0.1581	¥0.00	¥0.00	0.0299		0.0299	0.0299	0
28465	0.0000	0.2877	¥0.01	¥0.01	0.0299		0.0299	0.0299	0
28500	0.0000	0.1767	¥0.11	¥0.06	0.0149		0.0149	0.0149	0
28524	0.0000	0.1963	¥0.22	¥0.18	0.0299		0.0299	0.0299	0
28540	0.0000	0.6314	¥0.57	¥0.15	0.0000		0.0000	0.0000	1
28563	0.0000	0.0995	¥0.08	¥0.09	0.0448		0.0448	0.0448	0
28572	0.0000	0.2354	¥0.00	¥0.00	0.0299		0.0299	0.0299	0
28590	0.0000	0.2798	¥0.01	¥0.00	0.0149		0.0149	0.0149	0
28594	0.0000	0.1492	¥0.01	¥0.00	0.0000		0.0000	0.0000	0
28679	0.0000	0.0409	¥0.00	¥0.00	0.0149		0.0149	0.0149	0
28709	0.0000	0.2940	¥0.34	¥0.18	0.0149		0.0149	0.0149	0
28710	0.0000	0.1590	¥0.00	¥0.00	0.0149		0.0149	0.0149	0
28720	0.0000	0.3197	¥0.34	¥0.18	0.0149		0.0149	0.0149	0
28732	0.0000	0.1137	¥0.34	¥0.18	0.0149		0.0149	0.0149	0
28755	0.0000	0.2052	¥0.17	¥0.18	0.0448		0.0448	0.0448	0
28756	0.4931	0.5266	¥0.18	¥0.24	0.0597	0.1990	0.0597	0.0597	1
28771	0.0000	0.0293	¥0.02	¥0.01	0.0000		0.0000	0.0000	0
28787	0.0000	0.1101	¥0.00	¥0.00	0.0149		0.0149	0.0149	0
28828	0.5932	0.8561	¥0.40	¥0.33	0.0299	0.3993	0.0299	0.0299	1
28842	0.5941	0.8606	¥0.20	¥0.33	0.0746	0.1998	0.0746	0.0746	1
28886	0.0000	0.0497	¥0.00	¥0.00	0.0299		0.0299	0.0299	0
28921	0.0000	0.2771	¥0.02	¥0.01	0.0299		0.0299	0.0299	0
28922	0.0000	0.1421	¥0.00	¥0.00	0.0149		0.0149	0.0149	0
28931	0.0000	0.1998	¥0.01	¥0.01	0.0299		0.0299	0.0299	0
28936	0.0000	0.2851	¥0.00	¥0.00	0.0149		0.0149	0.0149	0
28951	0.0000	0.1750	¥0.00	¥0.00	0.0000		0.0000	0.0000	0
28952	0.0000	0.2735	¥0.17	¥0.19	0.0448		0.0448	0.0448	0
28961	0.0000	0.2584	¥0.17	¥0.19	0.0448		0.0448	0.0448	0
28973	0.0000	0.0817	¥0.01	¥0.00	0.0000		0.0000	0.0000	0
28978	0.0000	0.1794	¥0.01	¥0.00	0.0299		0.0299	0.0299	0
28983	0.0000	0.1510	¥0.01	¥0.00	0.0299		0.0299	0.0299	0

续表 1

Customer Key	Lifetime Day	Last Order Day	Ave Money Order	Ave Money Year	Ave Order Year	Order Ave Days	Total Orders	Products Num	Is Lost
28991	0.0000	0.2709	¥ 0.01	¥ 0.00	0.0299		0.0299	0.0299	0
28998	0.0000	0.3037	¥ 0.00	¥ 0.00	0.0149		0.0149	0.0149	0
29055	0.0000	0.2149	¥ 0.05	¥ 0.06	0.0448		0.0448	0.0448	0
29080	0.0000	0.1661	¥ 0.11	¥ 0.06	0.0149		0.0149	0.0149	0
29094	0.0000	0.1510	¥ 0.11	¥ 0.06	0.0149		0.0149	0.0149	0
29101	0.0000	0.0790	¥ 0.00	¥ 0.00	0.0149		0.0149	0.0149	0
29154	0.0000	0.5711	¥ 0.61	¥ 0.16	0.0000		0.0000	0.0000	1
29172	0.0000	0.0311	¥ 0.00	¥ 0.00	0.0149		0.0149	0.0149	0
29173	0.0000	0.2451	¥ 0.00	¥ 0.00	0.0149		0.0149	0.0149	0
29217	0.0000	0.2513	¥ 0.01	¥ 0.00	0.0299		0.0299	0.0299	0
29227	0.0000	0.0684	¥ 0.01	¥ 0.00	0.0299		0.0299	0.0299	0
29246	0.0000	0.1066	¥ 0.01	¥ 0.01	0.0448		0.0448	0.0448	0
29266	0.0000	0.2647	¥ 0.00	¥ 0.00	0.0149		0.0149	0.0149	0
29293	0.0000	0.2567	¥ 0.67	¥ 0.18	0.0000		0.0000	0.0000	0
29295	0.0000	0.2433	¥ 0.67	¥ 0.18	0.0000		0.0000	0.0000	0
29297	0.0000	0.0986	¥ 0.03	¥ 0.05	0.0597		0.0597	0.0597	0
29304	0.0000	0.2673	¥ 0.00	¥ 0.00	0.0299		0.0299	0.0299	0
29311	0.0000	0.0586	¥ 0.04	¥ 0.05	0.0448		0.0448	0.0448	0
29332	0.0000	0.2824	¥ 0.01	¥ 0.01	0.0299		0.0299	0.0299	0
29375	0.0000	0.0302	¥ 0.07	¥ 0.06	0.0299		0.0299	0.0299	0
29385	0.0000	0.9814	¥ 0.95	¥ 0.26	0.0000		0.0000	0.0000	1
29390	0.2039	0.4831	¥ 0.36	¥ 0.19	0.0149	0.2057	0.0149	0.0149	1

附录 B　网民/专家调查问卷

尊敬的先生/女士：

您好！

非常感谢您接受我这次问卷调查活动！为解决关于虚拟商店绩效评价指标的评分问题，设计了这份问卷。本次问卷调查的结果仅用于学术研究，您可以根据自己的亲身体会来打分。设计的这些指标满分为 100 分，将 100 分分为五个档次，分别表示为：A（非常满意 80 分~100 分）、B（满意 60 分~80 分）、C（一般 40 分~60 分）、D（差 20 分~40 分）、E（很差 0~20 分），您可以在相应的栏目下给出您的打分。再次感谢您的支持！

指　标	指标说明	当当网					卓越网					蔚蓝网				
		A	B	C	D	E	A	B	C	D	E	A	B	C	D	E
站点速度	指访问该网站时的页面打开速度															
系统安全性与稳定性	指网站系统是否安全、稳定															
浏览器兼容性	指网站对不同版本不同公司浏览器的兼容情况															
整体视觉效果	指网站的色泽度、简洁度、美观度等给你的一个直观感受															
页面布局	指网站的布局是否合理															
导航功能	指对选购物品、购物流程等的一个详细介绍															
产品介绍	指对产品功能、产地、品牌、保质期、价格、特点等的介绍情况															
产品查询	指产品查询、检索功能的便捷程度															
产品评论	指是否提供客户对所购买物品的评论，或提供评论的便捷程度															

续表

指　标	指标说明	当当网					卓越网					蔚蓝网				
		A	B	C	D	E	A	B	C	D	E	A	B	C	D	E
产品虚拟体验	指顾客预先对要买商品的一个虚拟体验情况															
信息更新频率	指网站中各种信息的更新情况															
个性化服务	指对客户个性化要求的满足情况															
在线订购与支付	指在线订购、支付流程的便捷性和安全性															
支付方式的多样化	指银行卡在线支付、电子货币支付、手机支付、现金支付等情况															
物品配送费用	指是否免送货费或有什么优惠活动															
送货准时性	指送货是否准时															
售后服务	指售后服务情况															
意见咨询	指商家主动对客户意见、建议的咨询情况															
退货处理	指商家遇到客户要求退货时的处理情况															

尊敬的专家：

　　您好！

　　非常感谢您接受我的这次问卷调查活动，为解决关于虚拟商店绩效评价指标体系中的一些相关问题，特设计这份调查问卷。本次问卷调查的结果仅用于学术研究，此外对于您的个人信息决不外泄，同时您也可以选择匿名，所以请您放心参与，并尽可能表达您的真实想法。本问卷所设计的指标满分为 100 分，将 100 分分为五个档次，分别表示为：A（非常满意 80 分~100 分）、B（满意 60 分~80 分）、C（一般 40 分~60 分）、D（差 20 分~40 分）、E（很差 0~20 分），您可以在相应的栏目下根据您的判断给它们打分。再次感谢您的支持！

指　　标	指标说明	当当网					卓越网					蔚蓝网				
		A	B	C	D	E	A	B	C	D	E	A	B	C	D	E
链接的有效性	指在其他网站中的链接质量如何															
网站结构	指网站结构是否合理															
实时销售信息管理	指实时销售管理系统的运行情况															
账户管理	指对客户的账户管理情况															
网上支付安全	指客户进行在线支付时系统的安全情况															
数据库安全	指虚拟商店自身数据库的安全状况															
个人隐私安全	指对客户个人隐私安全的保护做得如何															
技术创新	虚拟商店对新技术的创新情况以及对新技术的应用情况															
管理创新	管理创新、管理变革、是否实施了新的管理方法															
公司理念	公司的经营哲学															
组织凝聚力	指组织的团体意识如何															
配送方式选择性	指配送物品的方式是否多样化															
订单跟踪	对客户每一个订单的跟踪情况															